总主编　林家阳

U0242319

全国高等院校艺术设计专业
"十二五"规划教材

景观设计

曹福存 赵彬彬 编著

中国轻工业出版社　全国百佳图书出版单位

图书在版编目（CIP）数据

景观设计 / 曹福存，赵彬彬编著. — 北京：中国轻工业出版社，2017.8
ISBN 978-7-5019-9248-5

Ⅰ.①景⋯ Ⅱ.①曹⋯ ②赵⋯ Ⅲ.①景观设计–高等学校–教材 Ⅳ.①TU986.2

中国版本图书馆CIP数据核字（2013）第289284号

责任编辑：毛旭林

策划编辑：李　颖　毛旭林　　责任终审：孟寿萱　　版式设计：上海市原创设计大师工作室

封面设计：锋尚设计　　　　　责任校对：晋　洁　　责任监印：张　可

出版发行：中国轻工业出版社（北京东长安街6号，邮编：100740）

印　　刷：北京顺诚彩色印刷有限公司

经　　销：各地新华书店

版　　次：2017年8月第1版第4次印刷

开　　本：889×1194　1/16　印张：9.5

字　　数：300千字

书　　号：ISBN 978-7-5019-9248-5　　定价：49.80元

邮购电话：010-65241695　　传真：65128352

发行电话：010-85119835　85119793　传真：85113293

网　　址：http：//www.chlip.com.cn

Email：club@chlip.com.cn

如发现图书残缺请直接与我社邮购联系调换

170690J1C104ZBW

序一
PROLOG 1

　　中国的艺术设计教育起步于 20 世纪 50 年代，改革开放以后，特别是 90 年代进入一个高速发展的阶段。由于学科历史短，基础弱，艺术设计的教学方法与课程体系受苏联美术教育模式与欧美国家 20 世纪初形成的课程模式影响，导致了专业划分过细，过于偏重技术性训练，在培养学生的综合能力、创新能力等方面表现出突出的问题。

　　随着经济和文化的大发展，社会对于艺术设计专业人才的需求量越来越大，市场对艺术设计人才教育质量的要求也越来越高。为了应对这种变化，教育部将"艺术设计"由原来的二级学科调整为"设计学"一级学科，既体现了对设计教育的重视，也体现了把设计教育和国家经济的发展密切联系在一起。因此教育部高等学校设计学类专业教学指导委员会也在这方面做了很多工作，其中重要的一项就是支持教材建设工作。此次由设计学类专业教指委副主任林家阳教授担纲的这套教材，在整合教学资源、结合人才培养方案，强调应用型教育教学模式、开展实践和创新教学，结合市场需求、创新人才培养模式等方面做了大量的研究和探索；从专业方向的全面性和重点性、课程对应的精准度和宽泛性、作者选择的代表性和引领性、体例构建的合理性和创新性、图文比例的统一性和多样性等各个层面都做了科学适度、详细周全的布置，可以说是近年来高等院校艺术设计专业教材建设的力作。

　　设计是一门实用艺术，检验设计教育的标准是培养出来的艺术设计专业人才是否既具备深厚的艺术造诣，实践能力，同时又有优秀的艺术创造力和想象力，这也正是本套教材出版的目的。我相信本套教材能对学生们奠定学科基础知识、确立专业发展方向、树立专业价值观念产生最深远的影响，帮助他们在以后的专业道路上走得更长远，为中国未来的设计教育和设计专业的发展注入正能量。

　　　　　　　　　　　　　　　教育部高等学校设计学类专业教学指导委员会主任
　　　　　　　　　　　　　　　中央美术学院　教授/博导　谭平
　　　　　　　　　　　　　　　2013 年 8 月

序二
PROLOG 2

建设"美丽中国"、"美丽乡村"的内涵不仅仅是美丽的房子、美丽的道路、美丽的桥梁、美丽的花园，更为重要的内涵应该是贴近我们衣食住行的方方面面。好比看博物馆绝不只是看博物馆的房子和景观，而最为重要的应该是其展示的内容让人受益，因此"美丽中国"的重要内涵正是我们设计学领域所涉及的重要内容。

办好一所学校，培养有用的设计人才，造就出政府和人民满意的设计师取决于三方面的因素，其一是我们要有好的老师，有丰富经历的、有阅历的、理论和实践并举的、有责任心的老师。只有老师有用，才能培养有用的学生；其二是有一批好的学生，有崇高志向和远大理想，具有知识基础，更需要毅力和决心的学子；其三是连接两者纽带的，具有知识性和实践性的课程和教材。课程是学生获取知识能力的宝库，而教材既是课程教学的"魔杖"，也是理论和实践教学的"词典"。"魔杖"即通过得当的方法传授知识，让获得知识的学生产生无穷的智慧，使学生成为文化创意产业的使者。这就要求教材本身具有创新意识。本套教材包括设计理论、设计基础、视觉设计、产品设计、环境艺术、工艺美术、数字媒体和动画设计八个方面的 50 本系列教材，在坚持各自专业的基础上做了不同程度的探索和创新。我们也希望在有限的纸质媒体基础上做好知识的扩充和延伸，通过教材案例、欣赏、参考书目和网站资料等起到一部专业设计"词典"的作用。

为了打造本套教材一流的品质，我们还约请了国内外大师级的学者顾问团队、国内具有影响力的学术专家团队和国内具有代表性的各类院校领导和骨干教师组成的编委团队。他们中有很多人已经为本系列教材的诞生提出了很多具有建设性的意见，并给予了很多方面的指导。我相信以他们所具有的国际化教育视野以及他们对中国设计教育的责任感，这套教材将为培养中国未来的设计师，并为打造"美丽中国"奠定一个良好的基础。

教育部职业院校艺术设计类专业教学指导委员会主任

同济大学　教授 / 博导　林家阳

2013 年 6 月

前言
FOREWORD

目前，我国经济迅速发展，城市化的进程也处于快速发展阶段，党的"十八大"又提出城乡一体化建设目标，同时提倡生态文明建设，走文化强国之路。这对我们未来居住生活的城镇生活空间环境建设提出了更高的要求，在未来城镇生活环境空间设计过程中既要考虑生态设计又要注重民族文化的影响，在这样的背景下，有针对性的编写《景观设计》这本教材，对于建设"美丽中国""美丽城市""美丽乡村"的愿景具有一定的现实意义。

景观设计的实质就是对我们生活的环境空间的设计。在本书编写过程中也考虑过是否应该把教材改为风景园林设计，但考虑到目前人们的习惯性认识，还是按景观设计的教材进行编写。其实教材质量主要在于内容丰富程度而不是名称的问题。景观设计专业是"技术、艺术、科学"三位一体的多学科交叉的专业学科，不仅需要有丰富的自然科学知识，还要有扎实的艺术审美、设计的基本功，同时还要掌握新技术、新材料的运用，因此本教材编写过程中根据目前景观设计人才市场需求，着重强调了景观设计的实践应用性内容。

本书的编著者有多年的理论教学经验，同时又有多年的景观设计实际项目设计与施工的实践经验，近几年对国外景观设计项目的实际考察体验以及各方面资料的积累，在本书编写过程中尽量做到有针对性地进行文字内容编写和图片的选择相对应，图片资料中有90%以上的基本资料都是作者亲自拍摄的，本书内容翔实，可操作性强。

本教材力求系统性、艺术性和实用性结合，在参考国内外同类教材的基础上，做到了图文并茂、深入浅出，便于学生对专业知识的消化吸收。由于本人知识的局限性，可能在很多地方存在着一些不足和缺陷，恳请读者和同行给予批评指正。

编　者
2013 年 6 月

课时安排

建议课时128

章 节	课程内容	课 时	
第一章 景观设计的概念与认知	一、景观设计的概念	2	16
	二、景观设计的基本理论	6	
	三、景观设计形式与空间类型	4	
	四、景观设计构成要素	4	
第二章 景观设计程序与实训	一、景观设计的程序	16	104
	二、实训项目一：居住区景观设计 设计案例分析： 案例一：泛美华庭居住区景观设计 案例二：银亿万万城居住区景观设计	32	
	三、实训项目二：道路景观设计 设计案例分析： 案例一：大连市旅顺口区郭水路道路景观设计 案例二：葫芦岛市觉华岛滨海路景观艺术设计	32	
	四、实训项目三：公园景观设计 设计案例分析： 案例一：大连普湾新区滨海公园景观设计 案例二：辽宁抚顺市锦湖公园景观设计	24	
第三章 景观设计作品欣赏与分析	一、国内外景观设计大师作品欣赏	4	8
	二、世界各国景观设计特点分析	2	
	三、学生优秀作品欣赏	2	

目录
contents

第一章
景观设计的概念与认知

第一章
景观设计的概念与认知

从事景观设计工作的设计师或工程实践者，首先要对景观设计的概念有明确的认识，尤其目前在我国对园林、园艺、绿化、景观设计的范畴有不同的见解，更有必要在此给出明确的解释；对景观设计的基本理论也要有清晰的了解，这样才能进一步了解不同空间类型的景观设计应该把握的设计要素和设计要点。以下从四个方面来阐述景观设计的概念及认知的基本内容。

一、景观设计的概念

▶▶ 1. 几个相关概念的解析

在解释景观设计的概念之前，有必要把几个容易混淆的概念解释清楚，便于更好更清晰地了解景观设计的概念、设计元素及其内涵。

1）园艺（Horticulture）

园艺就是果树、蔬菜和观赏植物的栽培、繁育技术和生产经营方法。相应地分为果树园艺、蔬菜园艺和观赏园艺。在温室培养、果树繁殖和栽培技术、名贵花卉品种的培育以及在园艺事业上我国历代与各国进行广泛交流等方面卓有成效。景观设计的植物元素就是通过园艺的手段在苗圃地（如园林树木）和温室（如花卉）培育出来的（图1-1、图1-2）。

图1-1　苗圃地绿化苗木的培育

图1-2　温室花卉的繁育

2）园林（Garden）

园林是在一定的地域运用工程技术和艺术手段，通过改造地形（筑山、叠石、理水）、种植花草树木、营造建筑和布置园路等途径创作而成的美的自然环境和游憩境域。园林包括庭园、宅园、小游园、花园、公园、植物园、动物园等，还包括森林公园、风景名胜区、自然保护区或国家公园的游览区以及休养胜地。

园林按开发不同分为两大类：一类是利用原有自然风景形成的自然园林（图1-3），另一类是在一定地域范围内为改善生活、美化环境、满足游憩和文化需要而创造的人工园林（图1-4）。

图1-3　辽宁本溪关门山国家森林公园景色

3）绿化（Greening Planting）

"绿化"一词源于苏联，是"城市居住区绿化"的简称。"绿化"就是栽种植物以改善环境的活动。主要指的是栽植防护林、路旁树木、农作物以及居民区和公园内的各种植物等。绿化包括国土绿化、城市绿化、四旁绿化和道路绿化等。绿化可改善环境卫生并在维持生态平衡方面起多种作用，绿化注重植物栽植和实现生态效益的物质功能，同时也含有一定的"美化"意思（图1-5）。

4）园林设计

园林设计就是在一定的地域范围内，运用园林艺术和工程技术手段，通过改造地形（或进一步筑山、叠石、理水）、种植树木、花草，营造建筑和布置园路等途径创作而成的美的自然环境和生活游憩境域的构思、创意、设计的过程（图1-6）。园林设计是一门研究如何应用艺术和技术手段处理自然、建筑和人类活动之间复杂关系达到和谐完美、生态良好、景色如画之境界的一门学科。

5）环境设计

工业化的发展引起一系列的环境问题，人类的环境保护意识加强以后，才逐渐产生的设计概念。一般理解，环境设计是对人类的生存空间进行的设计。协调"人—建筑—环境"的相互关系，使其和谐统一。环境设计按空间形式分为城市规划、建筑设计、室内设计（图1-7）、室外设计和公共艺术设计等。

▶▶▶ 2. 景观的概念

关于"景""观"两字，我国古代许慎（东汉）在《说文解字》中解释：景"光也"，指日光，亮；观"谛视也"，意为仔细看。"景"是现实中存在的客观事物，而"观"是人对"景"的各种感受与理解，"景"与"观"实际上是人与自然的和谐统一（图1-8、图1-9）。

最初在古英语中的"景观"一词是指"留下了人类文明足迹的地区"。到了17世纪，"景观"作为绘画术语从荷兰语中再次引入英语，意为"描绘内陆自然风光的绘画，区别于肖像、海景等"。直至18世纪，因为景观和设计行业有了密切的关系，便将"景观"同"园艺"联系起来。19世纪的地质学家和地理学家则用景观一词代表"一大片土地"。随着环境问题的日益突出，对景观的理解也发生了变化。于是，通常景观成为描述特定的环境设计的世界通用词汇。

对景观一般有以下的理解：
① 某一区域的综合特征，包括自然、经济、人文诸方面。

图1-4 苏州拙政园景色

图1-5 城市道路绿化景观

图1-6 上海徐家汇公园景观

图1-7 KTV包房

图1-8 黄山云海

② 一般自然综合体。

③ 区域单位，相当于综合自然区划等级系统中最小一级的自然区。

④ 任何区域分类单位。

从人类开发利用和建设的角度，景观可分为自然景观、园林景观、建筑景观、经济景观、文化景观。从时间角度，可分为现代景观（图1-10）、历史景观（图1-11）。景观是一个时代社会经济、文化以及人的思想观念和意识形态的综合反映，是社会形态的物化形式。景观既是一种自然景象，也是一种生态景象和文化景象。

综上所述，现在对景观一般定义为：景观（Landscape）是指土地及土地上的空间和物体所构成的综合体。它是复杂的自然过程和人类活动在大地上留下的烙印。

景观是多种功能（过程）的载体，因而可被理解和表现为：

风景：视觉审美过程的对象。

栖居地：人生活其中的空间和环境（图1-12）。

生态系统：一个具有结构和功能、具有内在和外在联系的有机系统。

符号：一个记载人类过去、表达希望与理想，赖以认同和寄托的语言和精神空间（图1-13）。

图1-9　上海世纪大道景观

图1-10　上海世博园"亩中山水"景观

图1-11　北京天坛

图1-12　安徽黟县西递村庄景色

图1-13　甘肃天水麦积山石窟景观

▶▶ 3. 景观设计的概念

要想了解景观设计的概念和内涵，首先应该先了解什么是景观学（Landscape Science）。《中国大百科全书（简明版）》关于景观学的解释为：景观学是研究景观的形成、演变和特征的学科。景观学通过对景观的各个组成成分及其相互关系的研究去解释景观的特征，并研究景观内部的土地结构，探讨如何合理开发利用、治理和保护景观。

景观设计学（Landscape Architecture）是关于景观的分析、规划布局、设计、改造、管理、保护和恢复的科学和艺术。即通过对土地及一切人类户外空间的问题进行科学理性的分析，设计问题的解决方案和解决途径，并进行监理设计的实现。景观设计学强调土地的设计，它所关注的问题是土地和人类户外空间的问题。根据解决问题的性质、内容和尺度的不同，景观设计学包括两方面的内容：景观规划（Landscape Planning）和景观设计（Landscape Design）。景观规划是在大规模、大尺度范围内，基于对自然和人文过程的认识，协调人与自然关系的过程，如场地规划、土地规划、控制性规划、城市设计和环境规划（图1-14 来源：http://image.baidu.com）。景观表示风景时，景观规划意味着创造一个美好的环境；景观表示自然加上人类之和的时候，景观规划则意味着在一系列经设定的物理和环境参数之内规划出适合人类栖居之地。（吴家骅著，叶南译.《景观形态学》.中国建筑工业出版社，2003.4）。

景观设计相对于景观规划来说，是指在土地进行景观规划后的某一特定场所、尺度范围较小的空间环境设计（图1-15）。因此，景观设计是以规划设计为手段，集土地的分析、管理、保护等众多任务于一身的科学。景观设计涉及自然科学和社会科学两大学科。景观设计主要设计要素包括地形地貌、水体、植被、景观建筑及构筑物，以及公共艺术品等。景观设计主要服务于城市居民的户外空间环境设计，包括城市广场、商业步行街、办公场所、室外运动场地、居住区环境、城市街头绿地及城市滨湖滨河地带、旅游度假区与风景区中的景点设计等（图1-16、图1-17）。

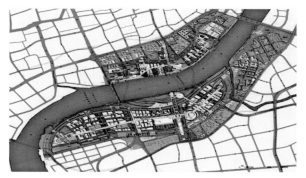

图1-14 2010年上海世博会规划区控制性详细规划

图1-15 上海延中绿地广场公园平面示意图

图1-16 英国牛津商业步行街

图1-17 四川成都活水公园景观

▶▶▶ 4. 景观设计的发展简史

景观设计是伴随着人类的活动而产生、发展的。

人类认识自然、适应自然、与自然共生的过程就是景观生成、发展的过程，因此景观设计有着时代发展的烙印。

人类创造景观环境的历史十分悠久，最早可以上溯到公元前 4000 年的巨石碑和公元前 2000 年的岩画，有记载的比较成熟的园林景观可以追溯到古埃及人在庭院植树以改善气候的庭园景观以及我国商周时代的"园囿"，前者是改善人类居住环境的典范，后者则是在农耕收获基础上带有更多的休闲景观功能。人类随着生产、生活方式的变化，相应的生活景观环境也发生着变化。从农业时代、工业时代到今天的信息时代，人们的生活空间不断地发生变化，人们对生活空间的需求也不断发生着变化。

世界园林发展的四个阶段：人类社会的原始时期（狩猎社会）、奴隶社会和封建社会（农业社会）、18 世纪中叶（工业革命）、20 世纪 60 年代（第二次世界大战(1939—1945)之后——后工业时代或信息时代）。

第一阶段：人类社会的原始时期（狩猎社会）：这一时期主要是聚落的出现，人们开始在聚落附近进行种植，园林进入了萌芽时期。这一时期人们满怀恐惧、敬畏的心情，对自然是感性的适应。对自然认识水平不高，以宗教信仰园林空间（处于萌芽状态）为主（图1–18）。

这时期园林的主要特点是：
① 种植、养殖、观赏不分；
② 为全体部落成员共同管理、共同享受；
③ 主观为了祭祀崇拜和解决温饱问题，而客观有观赏功能，所以不可能产生园林规划。

第二阶段：奴隶社会和封建社会（农业社会）：由于手工业和商业的出现，城镇开始产生，使园林从萌芽时期逐步成长。这时期园林的特点是：
① 直接为少数统治阶级服务，或者归他们所私有；
② 封闭的、内向型的；
③ 以追求视觉景观之美和精神的寄托为主要目的，并非自觉地体现所谓社会、环境效益；

④ 造园工作由工匠、文人和艺术家来完成。

第三阶段：18 世纪中叶（工业革命）：工业革命的产生，改变了人们的生产方式，开始大规模的集体生产，集体劳动使人们对公共活动空间有了渴望。人们为了适应这种产业结构所带来的居住空间环境的变化不断采取新的策略。英国学者霍华德（1850—1928）提出了"田园城市"设想（图 1–19）。1857 年奥姆斯特德（1822—1903）在美国纽约建立的中央公园是最早的城市公园，标志着现代公园的产生，也标志着新时期景观设计的开始。Landscape 的概念正式提出，标志着景观设计进入职业化阶段。工业社会的园林景观出现了公园、都市绿地系统、田园都市等。其主要特点是：
① 除私有园林以外，出现由政府出资，向群众开放的公共园林；
② 园林景观的规划设计已摆脱私有的局限性，从封闭的内向型转为开放的外向型；
③ 不仅为了追求视觉景观之美，同时注重环境效益和社会效益；
④ 由现代型的职业景观设计师主持景观的规划设计工作。

第四阶段：1939 —1945 之后是后工业时代或信息时代，工业革命使世界开始出现人口爆炸、粮食短缺、能源枯竭、环境污染、贫富不均、生态失调等。这一时期的景观设计主要目标是人类与自然处于共生关系的自然共生型社会发展，生物多样性将成为评价园林景观的标准。其主要特点表现在以下几点。
① 确定了城市生态系统的概念，出现"园林城市"；
② 园林景观以创造合理的城市生态系统为根本目的，同时进行园林审美的构思；
③ 园林景观艺术已成为环境艺术的一个重要组成部分，跨学科的综合性和公众的参与性成了园林艺术创作的主要特点。

1）西方景观设计发展简史

目前我们谈论的西方景观设计，按时间发展的顺序，主要包括三部分内容：第一部分是公元 4 世纪之前西方的古代园林，主要指古埃及、古巴比伦、古希腊、古罗马的古代园林；第二部分是指中世纪欧洲园林，主要包括中世纪伊斯兰园林、意大利文艺复兴园林、欧洲勒·诺特时期的法国古典主义园林、英国自然风景式园林；第三部分是指近现代欧洲的景观设计，主要指近现代英国、美国、德国、荷兰的景观设计思潮和方法。

① 古埃及园林大致有宅园、圣苑、墓园三种。设计形式应用了几何的概念，主要是规则式的，并有明显的中轴线。一般是方形的，四周有围墙，入口处建塔门；水池和水渠的形状方整规则，房屋和树木都按几何形状加以安排，是世界上最早的规整式园林设计（图 1-20）。

② 古巴比伦园林形式有"猎苑、圣苑、宫苑"三种类型。古巴比伦王国位于底格里斯和幼发拉底两河之间的美索不达米亚，是两河流域的文化产物。两河地带为平原，因而古巴比伦人热衷于堆叠土山，山上有神殿与祭坛等。传说公元前七世纪巴比伦空中花园，被列为世界七大奇迹之一（图 1-21）。

③ 古希腊园林是几何式的，通过波斯学到西亚的造园艺术，数学、几何、美学的发展影响到园林的形式，中央有水池、雕塑，栽植花卉，四周环以柱廊，为以后的柱廊式园林的发展打下了基础。园林位于住宅的庭院或天井之中。其布局形式采用规则式以与建筑协调，形成强调均衡稳定的规则式园林。从古希腊开始奠定了西方规则式园林的基础（图 1-22）。

④ 古罗马园林类型有古罗马庄园、宅园（柱廊园）、宫苑、公共园林四种类型。古罗马在继承希腊庭园艺术和上述园林布局特点的同时，也吸收了古埃及和西亚等国的造园手法。着重发展了别墅园（Villa Garden）和宅园这两类，发展成为山庄园林。古罗马园林以实用为主的果、菜园以及芳香植物园逐渐加强了观赏性、装饰性以及娱乐性；受希腊园林的影响，园林为规则式；重视园林植物的造型，有专门园丁；除花台、花坛之外，出现了蔷薇专类园，迷园；花卉装饰盛行"几何形花坛中种植花卉，以便采摘花朵制成花环与花冠"。园林依山而建，并将山地辟成不同高程的台地，用栏杆、挡土墙和台阶来维护和联系各台地。古罗马园林对后世的欧洲园林影响极大，奠定了文艺复兴时期意大利台地园的基础（图 1-23）。

图 1-18 英国巨石阵

图 1-19 霍华德及其"田园城市"设想

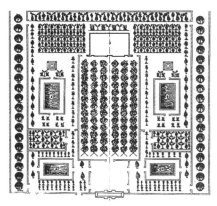

图 1-20 古埃及的花园平面图

图 1-21 古巴比伦的空中花园

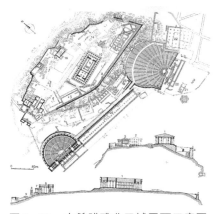

图 1-22 古希腊雅典卫城平面示意图

⑤ 意大利文艺复兴园林：公元十四五世纪发源于意大利的欧洲文艺复兴的文化运动影响了意大利的文学、科学、音乐、艺术、建筑、园林等各个方面。出现新的造园手法——绣毯式的植坛，在一块大面积的平地上利用灌木花草的栽植镶嵌组合成各种纹样图案，好像铺在地上的地毯。园林的布局形式沿山坡筑成几层台地，建筑造在台上且与园林轴线严格对称；布局呈现图案化对称的几何构图、均衡和秩序（图1-24）。这种台地园林形式是几何形的，有些还是中轴对称的，在轴线及其两侧布置美丽的绿篱花坛、变化多端的喷泉和瀑布、常绿树以及各种石造的阶梯、露台、水池、雕塑、建筑及栏杆，尺度宜人，郁郁葱葱，非常亲切。

⑥ 欧洲勒·诺特时期的法国古典主义园林：17世纪，意大利文艺复兴式园林传入法国，但法国人并没有完全接受意大利台地园的形式，而是把中轴线对称均齐的整齐式的园林布局手法运用于平地造园。法国的造园家勒·诺特（LeNotre）创造了大轴线、大运河造园手法，具有雄伟壮丽、富丽堂皇气氛的造园样式，以法国的宫廷花园为代表的园林后人称其为"勒·诺特式"园林。代表作是凡尔赛宫园林（图1-25）。勒·诺特时期园林的主要特点：园林是几何式的，有着非常严谨的几何秩序，均衡和谐；宫殿高高在上，建筑的轴线一直延伸至园外的森林之中。轴线两侧或轴线上布置有大花坛、林荫道、水池、喷泉、雕像、修剪成各种几何形体的造型植物；园林的外围是森林，浓浓的绿荫成为整个园林的背景，在森林与园林之间，布置一些由绿篱围合的不同风格的小花园；整个园林宁静而开阔，统一中又富有变化，显得富丽堂皇、雄伟壮观。

⑦ 英国自然风景式园林及近现代英国景观设计：英国的风景式园林兴起于18世纪初期，与靳·诺特式的园林完全相反，它否定了纹样植坛、笔直的林荫道、方正的水池、整齐的树木。扬弃了一切几何形状和对称均齐的布局，代之以弯曲的道路、自然式的树丛和草地、蜿蜒的河流，讲究借景和与园外的自然环境相融合（图1-26、图1-27）。

英国自然风景式的花园完全改变了规则式花园的布局，这一改变在西方园林发展史中占有重要地位，它代表着这一时期园林发展的新趋势。至18世纪中叶以后，法国孟德斯鸠、伏尔泰、卢梭等在英国基础上发起启蒙运动，这种追求自由、崇尚自然的思想，很快反映在法国的造园中。

图1-23 古罗马哈德良山庄示意图

图1-24 意大利文艺复兴时期的埃斯特别墅

图1-25 法国凡尔赛宫局部

图1-26 英国布伦海姆宫庄园景色

图1-27 英国海德公园景色

19世纪末到20世纪初，发源于英国的"工艺美术运动"、比利时和法国的"新艺术运动"引发了西方现代主义思潮，预示着现代主义园林时代的到来。简洁的现代主义景观设计作品出现在1925年的巴黎国际现代工艺美术展上。至此西方现代景观设计拉开了序幕。

⑧ 美国现代景观设计：弗雷德里克·劳·奥姆斯特德（Frederick Law Olmsted 1822—1903）是美国景观规划设计事业的创始人（图1-28）。他的理论和实践活动推动了美国自然风景园运动的发展（图1-29）。1899年美国景观规划设计师学会成立，小奥姆斯特德（1870—1957）在哈佛大学设立美国第一个景观规划设计专业。20世纪初，欧洲现代运动蓬勃发展。而当时"巴黎美术学院派"的正统课程和奥姆斯特德的自然主义思想仍然占据了美国景观规划行业的主体。

"巴黎美术学院派"的正统课程用于规则式的设计，奥姆斯特德的自然主义思想应用于公园和其他公共复杂地段的设计。但两者模式很少截然分开，而是在公园的自然之中加入了规则式的要素，古典的对称设计被自然的植物边缘所软化。这时美国景观设计师斯蒂里（Fletcher Steele 1885—1971）将欧洲现代景观设计的思想介绍到了美国，一定程度上推动了美国景观的现代主义进程。

从以上历史发展来看，欧洲和美洲的园林同属于从古埃及园林发展而来的大系统。

从古埃及的规则式园林，到古希腊的柱廊式园林，到古罗马的别墅庄园，到意大利的文艺复兴园林，然后是法国"勒·诺特式"园林，再到英国自然风景园林，经历了漫长的发展与变革，到了20世纪20年代，形成了现代主义的园林景观设计。

2）东方景观设计发展简史
东方景观设计发展史主要指中国、日本等国的景观设计发展史。

① 中国古典园林是指世界园林发展的第二阶段（农业社会）上的中国园林体系。中国古典园林的发展大体经历了生成期（殷、周、秦、两汉，公元前16世纪—220年）、转折期（魏、晋、南北朝，公元220—589年）、全盛期（隋、唐，公元589—960年）、成熟前期（两宋、元、明、清初，公元960—1736年）、成熟后期（清中叶、清末，公元1736—1911年）五个发展阶段。

图1-28　美国弗雷德里克·劳·奥姆斯特德

图1-29　美国纽约中央公园

图1-30　皇家园林——北京颐和园

图1-31　苏州私家园林——留园

中国古典园林按照园林基址的选择和开发方式的不同，可以划分为人工山水园林和自然山水园林两大类型。如果按照园林的隶属关系来划分，可分为皇家园林、私家园林、寺观园林三种主体类型（图1-30至图1-32）。

除此以外，还有衙署园林、祠堂园林、书院园林、公共园林、坛庙、陵园等。中国园林的特点可以概括为四个方面：一是本与自然、高于自然；二是建筑美与自然美的融糅；三是诗画的情趣；四是意境的含蓄。如上所述，中国古典园林的四个主要特点及其衍生的四大美学范畴——园林的自然美、建筑美、诗画美、意境美，是中国古典园林在世界上独树一帜的主要标志。

中国的近现代园林应该包括三个阶段内容：
第一阶段清朝末年到新中国成立之前，西方造园思想影响，传统造园手法的基础上，加入了西方造园要素，代表作是圆明园；第一个具备现代"公园"意义公园，是1905年在无锡城中心原有几个私家小花园的基础上建立第一个公园，占地3.3公顷，故称"华夏第一公园"。

第二阶段应该是新中国成立后到改革开放之前。这一阶段是中国计划经济阶段，园林的建设主要是劳动公园、人民公园、儿童公园等城市公共空间的园林设计（图1-33）。

第三阶段指改革开放后的现代景观设计。改革开放使西方的景观设计思潮不断地与中国景观设计相结合，尤其是中国目前正处于城市化迅速发展阶段，使当下的中国景观设计呈现文化多元化、多学科交叉、可持续设计的状况（图1-34）。

② 日本园林与中国园林同为东方园林的两朵奇葩。日本园林与中国园林有着很深的渊源关系，在古代就受我国汉朝影响。日本园林史可划分为古代、中世纪、近代三个阶段。公元6世纪中叶（飞鸟时期），中国大陆文化经由朝鲜半岛开始传入日本。园林艺术和汉代佛教也先后传入日本，对日本产生了很大的影响，宫廷、贵族开始出现中国式的园林——池泉式园林，即池泉庭园，形成了日本以庭院景观为主的庭园园林（图1-35）。由于受佛教思想影响，造园手法表现为枯山水形式，形成独特的禅宗园林景观。日本现代景观设计也受西方景观设计思潮影响，公共空间景观设计也体现出简约主义的时代特征。

图1-32　寺观园林——陕西华山玉泉院

图1-33　大连劳动公园

图1-34　大连星海广场

图1-35　日本桂离宫

▶▶▶ 5. 现代景观设计的目的与依据

现代景观设计的目的：新技术、新材料以及文化的多元化融合发展，使现代景观设计呈现出多学科交叉、多元文化背景下的设计现状。

现代景观设计的目的无非还是满足人们的生理和心理需求的使用目的，只是满足的人群的审美价值观和生态环境伦理有了时代变化和需求（图1-36）。

随着我国城市化进程的加快，城市空间的迅速扩张，必须有相应的景观设计与之相结合，某种意义上就是对自然环境的补偿措施，也是满足场地的生态环境恢复和保护的方法、方式和手段。景观设计的艺术性体现出场所的地域历史文化特色，起到了美化空间的目的（图1-37）。

景观设计是处理人工环境和自然环境之间关系的一种思维方式，一条以景观为主线的设计组织方式，目的是为了使无论大尺度的规划还是小尺度的设计都以人和自然最优化组合和可持续性发展为目的。

景观设计的目的最终是要达到人与环境（自然、人工）的和谐统一。

现代景观设计的依据：景观设计既需要感性思维又需要理性思维，感性的创意性构思必须由理性的方案设计来保证场所的景观建设，而且景观设计施工图阶段必须有科学依据。

景观设计的目的是满足人们物质文化生活需要而进行的设计，因此每个场所都有它的功能要求（图1-38）。

景观设计是伴随着社会经济发展而成长的，不同的发展阶段有不同的社会需求，因此景观设计有明显的时代特征。

景观设计必须依据国家相关规范来进行设计，景观设计相关的规范名录见本书附录Ⅱ中相关内容（图1-39）。

图1-36　上海陆家嘴绿地

图1-37　苏州金鸡湖景观

图1-38　英国bushy park公园儿童活动区

图1-39　景观设计相关规范的书籍

二、景观设计的基本理论

景观设计就是对人类生活居住的环境空间的设计，因此既要了解空间构成的基本理论，又要了解人在不同空间环境中的行为活动。不同地域影响景观设计的自然要素，不同民族、不同历史文化决定景观设计的人文要素。景观设计的艺术性因为民族、文化和地域不同而存在差异。景观设计有明显的时代烙印，现代景观设计重点强调生态性和文化性。景观设计的基本理论主要讲授空间认知理论、环境心理学理论、景观形态美学、景观色彩美学、景观生态学等理论知识和制图基础，这些相关基础理论知识是进行景观设计实践的基石。

▶▶▶ 1. 景观设计空间认知理论

景观设计的实质就是外部空间设计，是人性化的空间设计。设计后的空间必须满足人的需求，即满足人的生理需求和心理需求。因此景观设计的合理化标准应该是通过人对空间的认知的生理和心理满意程度来进行评价（图1-40）。

人有视觉、听觉、嗅觉、味觉、触觉等感觉，但相对于景观来说，人们审美感受有80%来源于视觉，因此景观的视觉形象对人的感知就显得非常重要。

"景观知觉"是指人经由五种感官，接受到环境景观所给予的刺激，并对其加以解释和判断的过程。景观知觉会因为观赏者不同而产生差异。个人景观知觉总是根据其各自的特性，如社会背景、动机、目标、期望、人格、经验、文化和价值观等方面的差异，经过一连串的心理反应，如认知、情感、知觉、偏好及评价等，形成不同的个人景观体验。事实上，人通过多种感觉体验环境，不同的感觉之间相互影响，同时也影响着个人对总体环境的评价与判断。

环境体验主要以视觉为主，也始终涉及其他感觉。不同感觉之间可以相互影响，如相互加强或相互减弱。因此，在环境设计中要充分调动视觉以外的其他感觉因素，如听觉、触觉、嗅觉和身体动觉，以增加和丰富环境体验。

景观设计中的造型、尺度、材质、色彩、光线等，都是景观设计中的基本元素，这些元素直接或间接地与人的心理感受相互关联在一起（图1-41至图1-43）。

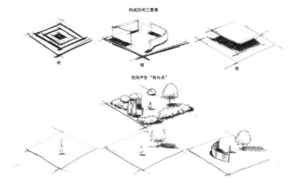

图1-40 空间的构成及其要素

图1-41 上海后滩公园"空中花园"

021

图1-42 上海后滩公园"天幔"造型及材质

图1-43 2010年台北花博会台湾园"知竹常乐"

空间认知由一系列心理过程组成，人们通过一系列的心理活动，获得空间环境中相关位置和现象属性的信息，如方向、距离、位置等，然后对其进行编码、储存、回忆和解码。空间认知依赖于环境知觉，环境信息的捕捉靠感官来实现。

通过对道路、标志物、边界等要素的观察，获取某一区域的信息；通过视觉，把握不同地点之间的距离，捕捉不同区域的主要标志物（图1-44、图1-45）。

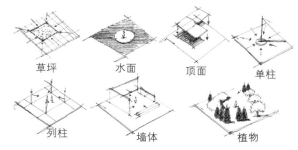

图1-44 设计空间构成的丰富性

空间认知地图是一个动态过程。人识别和理解环境有赖于在记忆中重现空间环境的形象。经感知过的事物在记忆中重现的形象称为"意象"或"表象"，具体空间环境的意象被称为"认知地图"。它包含事件的简单顺序，也包括方向、距离，甚至时间关系的信息。一般而言，我们对环境越熟悉，认知地图就越详尽。认知地图在脑中记忆的表征形式有两种，一种类似于外界环境的心理图像或意象；另一种是命题式的。认知地图可以帮助人们理解自己和环境的关系，确定目标的空间定位方位、距离，寻找到达目标的路径，并建立起个人对环境的安全感和控制感。认知地图还是人们接受新环境信息的基础。一个城市有着大多数人公认的重要元素，它们构成城市的公共意象，亦即公共认知地图。清晰的城市公共认知地图，有助于市民的公共活动和社会交往。

图1-45 2010年台北花博会"花之隧道"

▶▶ 2. 环境心理学理论

环境心理学是研究环境与人行为之间相互关系的学科，着重从心理学和行为学的角度，探索人与环境的最优化，涉及心理学、医学、社会学、人体工程学、人类学、生态学、规划学、建筑学以及环境艺术等多门学科。

这里所说的环境虽然也包括社会环境，但主要是指物理环境，包括噪声、拥挤、空气质量、温度、建筑设计、个人空间、景观环境等。

图1-46 人的心理与行为、个人空间

环境心理学关注的是人的行为活动，人的行为活动主要分为三种：必要性活动、选择性活动和社交性活动。同时也关注人的行为习性，人的行为习性主要有动作性行为习性（抄近路、靠右（左）侧通行、逆时针转向、依靠性）和体验性行为习性（看人也为人所看、围观、安静与凝思）两种。

在景观设计过程中，空间布局等要充分考虑人的行为习性与空间领域之间的关系（图1-46、图1-47）

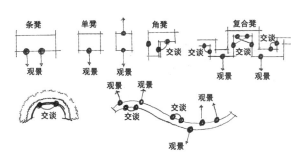

图1-47 不同座椅形式对行为与使用的影响

"环境—行为"关系作为一个整体加以研究；强调"环境—行为"关系是一种交互作用；几乎所有的研究课题都以实际问题为取向；具有多学科性质；以现场研究为主，采用来自多学科的、富有创新精神的折中研究方法。

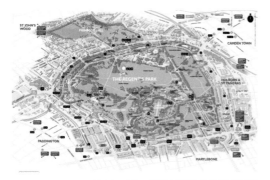

图 1-48 英国摄政公园平面图

▶▶▶ 3. 景观形态美学

景观形态的具体内容由点、线、面、形、色彩和肌理构成（图1-48）。景观形态的内容形成了空间形式的主要视觉因素。从视觉和感受来分析，就会涉及一个形态的表情问题，而形态的表情有庄严的、松散的、神秘的、隐喻的、动感的等。以传统的美学原则来思考，就要关注形与形、空间与空间的相互关系。

1）点、线、面

"点"是空间最重要的位置。大区域来说，点是一种空间位置；小尺度空间来讲，点就是一个小景点或是一个小构筑物、一件公共艺术品。点有两种：视觉中心点和透视消失点。视觉中心点分为注目点和标志点。点是景观设计中重要的空间布局方法之一，也是造型艺术设计中重要的特征之一（图1-49）。

图 1-49 苏州工业园区道路景观

"线"在视觉上表达方向性。线是连接"点"空间的重要方式，也是造型艺术中最基本的要素，两点（空间）之间连接生成线，同时它是面的边缘，也是景观中面与面的交界。线在任何视觉图形中，都有它的重要位置，它可以用来表示连接、支撑、包围、交叉。垂直线可以用来限定某一个空间范围。在设计中，一条线可以作为一个设想中的要素。例如，设计中轴线、动线，即由空间中的两个点所产生的规则线条。在这条线上，各种要素可以做多种形式的排列。在城市空间里，线就是城市的道路，起到交通和划分空间的作用；在某一特定场所中线就是园路，是引导人们进行观赏的路线和布置景点的界面。

图 1-50 美国芝加哥千禧公园的"云门"景观

"面"从概念上讲一个面只有长度和宽度，面没有深度。面最大特征是可以辨认形状。它的产生是由面的轮廓线确定的。面对空间的限定可以由地面、竖向平面、顶面来实现。对景观设计而言，空间界定主要由地面和竖向平面完成，偶尔用到顶面。

地面是景观设计中一个重要的设计要素，它的形式、色彩、质感决定其他要素。地面材料的质感和密实度也将影响到人通过其表面的方式。垂直面（墙体、绿篱、成排的树等）决定空间的联系程度，它的形式在很大程度上影响景观的总体形式。在景观设计中应用得当的曲面，能丰富整体效果，改变由单一平面造成的单调、呆板的气氛（图1-50、图1-51）

图 1-51 韩国三星美术馆室外公共艺术

2）图形

景观中的形可分为人工形与自然形，人工形又可分为几何形与模拟自然形。

几何形体源于三个基本的图形：矩形、三角形、圆形。

"矩形"是最简单也最有用的设计图形，雅致而庄重。由线的纵横交错而生成矩形，在景观设计中这是最基本的。它与建筑原料的形状类似，由于两种形易于衍生出相关图形，在建筑环境的景观设计中，矩形是最常见的组织形式。在历史上，几乎所有的古代文明中都出现过。

直线纵横交错组织起来城镇、房屋和景观花园的平面。水平和垂直地组织空间是很基本的，也是最容易的。在景观设计史上，矩形是最好的围合空间的形式（图1-52）。

"三角形"有运动的趋势，能使空间富有动感，随着水平方向的变化和三角形垂直元素的加入，这种动感会更强烈。与矩形相比较，三角形的兼容性很差，有着更明显的方向性、动感性，有力而且尖锐。但它能创造一些出人意料的造型效果，给人以惊喜。若能与直线良好配合，往往能为灵活空间的营造打下基础（图1-53、图1-54）。

"圆"有简洁、统一、整体的魅力，就情调而言，圆给人以圆满、柔和的感觉，也具有运动和静止的双重特性，圆形在美学上是极具向心性的图形。单个圆形空间具有间接性和力量感，多个圆的组合效果是很丰富的。基本的方式是不同尺度的圆相叠加或相交。圆形还可以分割成半圆、1/4圆等，并沿着水平轴和垂直轴移动而构成新的图形。

"螺旋形"是由一个中心逐渐向远端旋转而成的。将螺旋形反转可以得到其他形式的图形，以螺旋线上的一点为轴进行会产生一种强有力的效果。把部分螺旋形和椭圆结合在一起，可以创造出有层次的景观空间。

▶▶▶ 4. 景观色彩美学

人们欣赏和体验景观环境时主要是通过视觉来获取，视觉主要影响因素是色彩在起作用。因此景观色彩设计和景观场所中的色彩构成对景观视觉形象起到至关重要的作用（图1-55）。

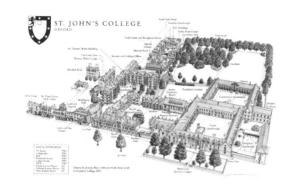

图1-52　牛津大学圣约翰学院

图1-53　锦州园博会新西兰"瓦卡湿地"入口景观

图1-54　锦州园博会朝阳园入口景观

图1-55　苏州工业园区道路景观

它们的色彩不仅因地域而不同，而且随时间推移不断变化，呈现给我们流动的、难以捉摸的色彩画卷。景观环境的追求之一就是"师法自然"，那自然的色彩及其组合必然成为景观环境"师法"的对象。与其他设计要素一样，我们只有通过精炼、提取、抽象，实现色彩的自然属性与社会属性的统一，才能升华至色彩组合的艺术美。较之与其他艺术形式，景观环境更接近于自然，它的组成要素大多取自于自然，因此在色彩组合上所受的限制更大，不可能像绘画、雕塑那样自由地运用色彩，但同时，我们也应看到，正由于景观环境要素大多来源于自然，因此这些自然要素无须我们调色，就已具有了自然美，这时，色彩之间的组合就显得更重要了。

景观环境色彩由自然色和人工色组成，它们有如下特点：自然色彩种类多而且易变化，特别是其中植物的色彩，一年中，植物的干、叶、花的颜色都在变化，而且每种植物有其不同的色彩及变化规律（图1-56）；而人工色彩相对稳定，一般有固定的颜色。景观环境的基调色多是生物色彩，如植物的色彩，它在景观环境中所占的比例最大，非生物色彩与人工色彩点缀其间。自然色彩虽然易变，但也是有规律可循的，同时，我们可以通过调节人工色彩，达到与自然色彩的协调。色彩属于视觉艺术，景观环境色彩的组合应以满足视觉需求为原则。视觉需求是一个不断变化、发展的因子；同时，它也有相对稳定的一面。视觉需求相对稳定的一面是指人们的色彩观念常受到理性文化传统的影响，即这种观念与当地文化、风俗习惯、宗教信仰密切相关，不易变更（图1-57至图1-59）。

景观环境色彩组合方法大致有两种：一是类似色的组合，色轮上90°以内的色彩相互组合，这些色彩在明度、纯度上有所变化。如景观环境中树木和草坪，不同种树木的不同纯度、明度的绿色组合就属于类似色的组合。这种色彩组合较素静、柔和，但易造成单调感。二是对比色的组合：色轮上相距120°的色彩组合形成对比色的组合。景观环境中自然色彩与人工色彩可形成对比色的组合。这种色彩组合给人的感觉鲜明、强烈，往往可达到较好的景观效果。

图1-56　辽宁本溪枫叶景色

图1-57　大连城市文化构成示意图

图1-58　英国邮筒、电话亭与中国邮筒

图1-59　英国曼切斯特、伦敦唐人街景观

景观环境中植物的不同绿色度可形成类似色的配合；植物的色彩与非生物的山石、水体等的色彩也可形成类似色的组合。同时，植物本身叶色变化、花与叶的色彩又可形成对比色的组合。这些类似色与对比色都是自然物本身所固有的，在一定程度上限制了我们对色彩的运用，因此使我们不能随心所欲地操纵它们，只能有目的的加以利用。建筑、小品、铺装、人工照明等这些人为物的色彩我们可以直观地进行设色，使它们的色彩与其他要素的色彩形成对比色的组合或类似色的组合（图1-60）。

因此，在色彩组合时，我们常可利用人工物的色彩在景观中形成画龙点睛之笔，如秦皇岛汤河公园的"红飘带"就是一例（图1-61），耀眼的红色与周围的环境形成强烈对比，给人以视觉刺激。此外，在景观环境景观色彩组合时，还应考虑到：色彩与地域环境的关系。通常，在炎热地区，宜多采用白色、浅淡色、偏蓝偏绿的冷色，这样给人一种凉爽、舒适的感觉；相反，在寒冷地区，宜多用暖色，如偏红、偏黄等色彩，或者在中性色系中设局部暖色，增加温暖感，这是通感引起的视觉要求，我国古典景观环境北方色彩华丽而南方较素淡恰好证明了这一点（图1-62、图1-63）。

景观环境中的功能区划分大多是依使用对象或用途的不同来划分的，由于不同的使用对象有不同的视觉需求，不同的用途也需要不同的色彩来配合，因此，各功能区应运用不同的色彩组合。如按照使用对象不同，景观环境中大多分为儿童活动区、青少年活动区和老年人活动区。这些不同的年龄组有不同的审美偏爱。儿童一般好奇心强、色感较单纯，喜爱一些单纯、鲜艳而对比强烈的色彩组合，因此儿童活动区宜使用明度高、纯度也高的红、黄、绿、蓝等色彩组合，此外，由于儿童好动，应注意形成暖色调（图1-64）。

青少年大多性情强烈，有着活跃的朝气，对色彩偏爱明快与活泼的组合，因此，青少年活动区可考虑明度高、中等纯度的暖色的运用，色彩组合应注意对比色与类似色的组合兼而有之，并能形成视线焦点。老年人喜静，好回忆往事，性情沉稳，视觉需求中以视觉经验为主，与流行色常保持一定的距离，所以，在景观的色彩组合上尤应注意类似色的运用，以求得和谐的冷色调，但景观中也应考虑暖色的点缀，以免色彩组合过于平淡。

图1-60　上海世博会中国馆

图1-61　秦皇岛汤河公园"红飘带"

图1-62　苏州寒山寺山门色彩

图1-63　哈尔滨极乐寺山门色彩

图1-64　苏州金鸡湖景区儿童戏水场地

景观环境中的体育活动区中的色彩组合应与它的用途相协调。适应其特点，宜选用活泼、单纯的中性色，这样不仅不会影响运动员的注意力，又不失运动场活跃的氛围。虽然不同功能分区有不同的色彩组合要求，但总体来说，整个景观环境的色调应有统一感，即在整体与各功能分区的关系上，各功能分区与各景点的关系上，做到"大调和、小对比"（图1-65）。

色彩是现代景观环境设计中需要关注的要素之一，在景观视觉效果中起着越来越重要的作用，影响人们的心理，也改变着人们的生活。因此，在景观设计过程中要考虑色彩对人的影响，无论是大尺度的城市规划设计，还是小尺度的场所设计，都要注重色彩设计。

▶▶ 5. 景观设计的艺术与技术
1）景观设计的艺术性
景观主要由三方面的要素所构成，包括：形象要素、环境要素和行为心理要素。形象要素是根据景观形式美学法则，从艺术角度去再现和创造景观，体现的是空间环境设计，主要以三维空间作为设计表达的主要内容。

景观设计的艺术性贯穿于整个景观设计的过程中，从景观主题确定、景观构图、景观布局、景观表现技法、造景方法（先抑后扬、小中见大；障景、借景、框景等）、色彩应用、艺术小品等几方面都需要艺术性的设计。

景观设计的艺术性具有明显的时代特征。不同时代不同的审美价值观，形成了景观艺术非常明显的时代烙印（图1-66）。

景观的设计艺术有明显的区域性特征。由于景观自然要素是由自然地形、地貌、阳光、空气、水体、植物、气候等自然环境元素组成，不同区域自然要素形成不同的自然景观，如沙漠、森林、大海、草原、高山、丘陵、湖泊、江河等。生活在不同地理区域的人群有不同的生活方式，形成了不同的文化，因此不同地域人文要素也存在差别，如民族习俗、文化、生活方式等方面的差别，也是形成景观设计艺术的区域性差异的主要因素（图1-67至图1-69）。

景观艺术的文化性主要取决于景观设计场所的文化属性。不同地域、不同民族、不同空间类型都有不同的文化氛围，不同的文化符号提取会营造出不同的艺术形体（图1-70、图1-71）。

图 1-65　哈尔滨太阳岛风景区休闲空间

图 1-66　苏州网师园

图 1-67　乌镇水乡景色

图 1-68　上海植物造型大赛山西省参赛作品

图 1-69　上海植物造型大赛辽宁省参赛作品

2）景观设计的技术性

景观设计是集艺术、科学与技术为一体的综合性的感性与理性相结合的构思、创意、实践的过程。

景观环境建构与社会经济、文化的发展特别是科学技术的发展有着较为密切的关系，景观设计的理念更新，如果没有一定的技术支持也是枉然，尤其是景观材料、施工工艺、设备等对景观环境质量的形成有着明显的影响，它不仅为景观环境的建构提供物质上的保证，而且也会充实和精炼景观内容。在现代合成技术发明之前，人们只能是适应和利用原始、自然的材料，如石材、木材、竹材、土、金属等进行简单的组合，技术含量体现得较为低下。现处于信息时代，科技发展更为迅猛，材料学、生态学、施工技术、计算机技术等都在快速的发展和应用（图1-72）。这也为进一步构建人类的物质文化生活环境创造了先进的技术条件，为构建高品位、高质量的景观环境开辟了广阔的前景，使得我们更有条件去分享高科技时代带来的文明成果。

景观设计离不开材料，材料的质感、肌理、色泽和拼接的工艺是景观设计师进行造型和环境创作的物质手段，不同材料的运用，创造出的环境效果、氛围是不一样的。常用的材料包括：石材、金属、玻璃、木材、竹材、瓦、土以及现代复合材料等。这些材料在景观环境中运用的位置和作用是不一样的，体现在材料要为设计艺术服务。运用这些材料可形成一定的界面，也可形成独立的造型，或综合运用在一起共同形成景观环境（图1-73）。

随着社会生活功能的日益完善和现代技术的发展，现代人对景观环境的追求不仅限于传统的静态景观，而是多技术、全方位的感观需求，包括城市照明景观，音响的调控装置和一些特殊光的运用，对人们的观赏景观起到刺激五官的作用。综合运用声、光、电等现代技术使现代景观有了更进一步的飞跃，也更符合现代人们的生活品位要求（图1-74）。

计算机的发展与运用为景观设计提供科学、精确的表现手段。它能够形成形象、仿真的效果，为修改、复制、保存和异地传输提供了便利的条件。目前 GIS 系统在景观设计和管理方面的应用可以省时、省力，准确科学地反映出地物、地貌存在的形态。也便于将现状材料数字化运用到景观设计之中。

图1-70　上海植物造型大赛北京市参赛作品

图1-71　不同场所的灯具设计创意

图1-72　园路施工现场及材料

图1-73　苏州金鸡湖景亭造型及材料

图1-74　苏州金鸡湖水幕电影

总之，景观设计的艺术与技术是相互依存不可分的，在景观设计时，一定要依照景观的功能、性质，综合地考虑艺术与技术的各方面因素，将景观环境设计好、建造好。

▶▶▶ 6. 景观生态学理论

景观生态学（Landscape Ecology）是1939年由德国地理植物学家特洛尔提出的。它是以整个景观为对象，研究在一个相当大的区域内，运用生态系统原理和系统方法研究景观结构和功能、景观动态变化以及相互作用机理、研究景观的美化格局、优化结构、合理利用和保护的学科，是一门新兴多学科之间交叉学科，主体是生态学和地理学。例如从某地的航片上可清晰地看到森林、草地、河流、城镇等相互作用的生态系统聚合而成的景观。景观中观察到的空间格局，包括种类、大小、形状、轮廓、数目和它们的空间配置，来源于物理的、生物的和社会的力量之间的相互作用。对于景观结构中的空间格局及其变化，景观生态学制定出一系列定性和定量的指标，如景观的镶嵌性、连接度、碎裂性、均匀度、丰富度、边缘度等，这些特征对生物种的分布、运动和持久性有很大影响。景观生态学的研究焦点就是景观空间格局对生物群体的各种影响以及其结构、功能和动态。景观生态学在农林牧渔、风景旅游、城市规划设计、矿区开发、环境规划及国土整治等许多领域有重要的实践意义（图1-75）。

《中国大百科全书（简明版）》，中国大百科全书出版社，1998.10，第2498页．）

景观设计在某种程度上来说就是对人们营建某一空间场所对场地破坏后的生态恢复的过程。在景观设计过程中要充分考虑生态设计的方法和技术，使人类对自然场地环境破坏减少到最低程度（图1-76、图1-77）。

如今，景观生态学的研究焦点是在较大的空间和时间尺度上生态系统的空间格局和生态过程。景观生态学的目的就是要协调人类与景观的关系，如进行区域开发、城市规划、景观动态变化和演变趋势分析等。景观生态学以整个景观为研究对象，强调空间异质性的维持与发展，生态系统之间的相互作用，大区域生物种群的保护与管理，环境资源的经营管理，以及人类对景观构成的影响（图1-78、图1-79）。

图 1-75 环境的类型图示

环境
　（1）大环境
　　① 宇宙环境
　　② 地球环境
　　　生物圈：指地球上有生命的部分。
　　　大气圈
　　　水圈：如海水、地下水、大气水。
　　　土壤圈
　　　岩石圈
　（2）小环境（是指一个或一群生物活动的场所）
　　① 小生境（生态位）：是指生物能够在那里生存和繁殖的栖所。
　　② 内环境：是指生物体内环境。
　　③ 微环境：是指生物体局部（限）的某种较小环境。

图 1-76 韩国西首尔溪水公园防洪设施

图 1-77 英国米尔顿·肯恩斯道路生态设计

图 1-78 美国芝加哥道路景观设计

图 1-79 韩国西首尔溪水公园雨水收集

▶▶ 7. 景观设计制图基础

景观制图常用工具：在景观设计中设计师常用的绘图工具有以下几种：

三角板、比例尺、丁字尺、蛇尺、画圆板、针管笔、勾线笔、马克笔、彩铅笔、色粉笔、铅笔、橡皮、透台、硫酸纸、制图纸等（图1-80、图1-81）。

图 1-80 绘图工具

图 1-81 马克笔

景观制图的图纸尺寸（单位和比例：mm）

尺寸代号	幅面代号				
	A0	A1	A2	A3	A4
lxb	1189×841	841×594	594×420	420×297	297×210

幅面代号	长边尺寸	长边加长后尺寸								
A0	1189	1338	1487	1635	1784	1932	2081	2230	2387	
A1	841		1051	1261	1472	1682	1892	2102		
A2	594	743	892	1041	1189	1338	1487	1635	1784	1932
A3	420		631	841	1051	1261	1472	1682	1892	

景观平面图、立面图、剖面图	1:50 1:100 1:150 1:200 1:300
景观局部放大图	1:10 1:20 1:25 1:30 1:50
配件及构造详图	1:1 1:2 1:5 1:10 1:15 1:20 1:25
	1:30 1:50:

透视学与制图：园林制图中电脑或手绘都需要用到透视学，常用的透视为一点透视、两点透视和三点透视。透视就是近大远小的规律，所谓一点透视、两点透视等，就是从不同角度观看时的视觉特征。对于徒手勾图来说，就是利用透视的规律来计算画面中的形体的。这和尺规作图的表现形式有很大的区别，后者是通过找 M 点 S 点等来计算透视的，虽然准确而理性，但却烦琐并且速度较慢。以下的简述是结合透视的基本理论总结出来的透视基本规律，可以帮助学生在电脑和手绘制图中准确而快速地找到透视点。

透视常用术语

视平线：与画者眼睛平行的水平线。

消失点：线段透视消失的终点称为消失点，通常用 V 表示。

测点：便于绘制透视图的辅助点，通常用 M 表示。

一点透视：立方体一类的物体平面平行于画面及地面，消失线消失到视心的透视画法称为一点透视，又称平行透视（图 1-82 至图 1-88）。

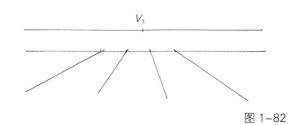

图 1-82

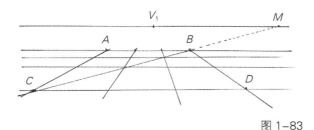

图 1-83

图 1-84

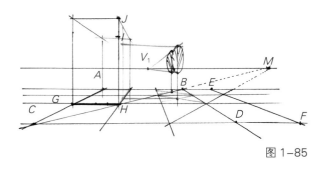

图 1-85

两点透视：两点透视是立方体一类物体除了垂直于地面的棱，其他的两种棱都不平行于画面，或者矩形直角两边都不平行画面左右边线分别消失到左右消失点的透视画法称为两点透视，也称成角透视（图 1-89 至图 1-96）。

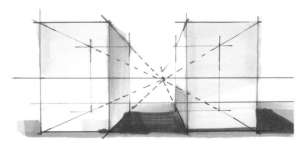

图 1-86

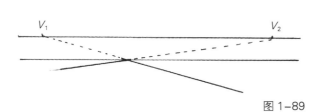

图 1-89

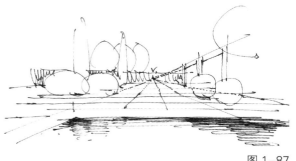

图 1-87

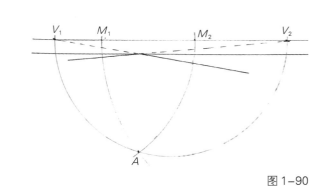

图 1-90

图 1-88

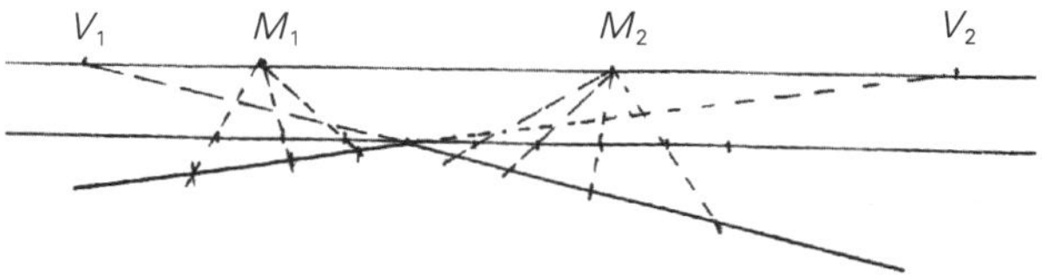

图 1-91

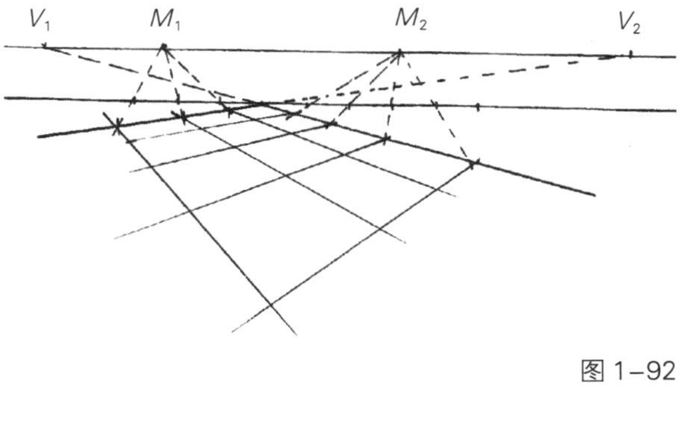

图 1-92

在勾画方案时，设计师很喜欢采用一点透视，因为其透视规律简单明确，并且画面的变形失真较小。因为一点透视只有一个消失点，所以非常容易控制和掌握。

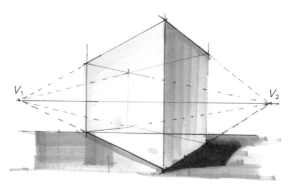

图 1-93

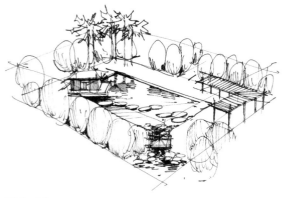

图 1-94

图 1-95

图 1-96

一点斜透视：一点斜透视具备一点透视基本理论求法，但又具备两个消失点，但一般情况下只能在纸面上找到一个消失点，另一个消失在很远，很难在纸面上找到第二消失点。人面对的第一个视线消失点不在与空间中心处于空间偏一侧位置（图 1-97 至图 1-100）。

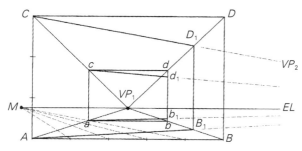

图 1-97

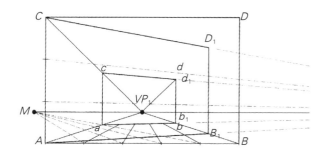

图 1-98

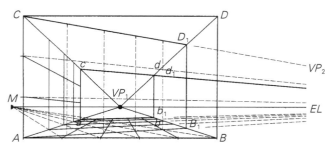

图 1-99

图 1-100

三点透视：在两点透视基础上，出现第三个消失点的透视，就是三点透视。一般都用在鸟瞰图大场景设计中，对空间表现很全面、很明了（图1-101至图1-103）。

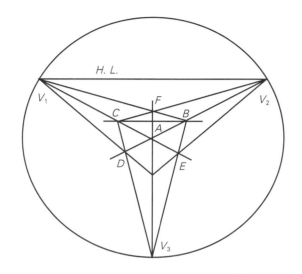

图 1-101

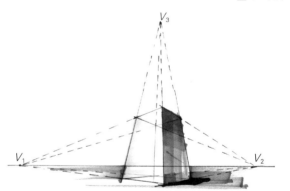

图 1-102

图 1-103

景观设计手绘效果图表现技法：设计效果图表现中经常运用一些技巧和景观处理方法，达到和表现出设计师最理想化的效果设计意图，包括以下这些技法。

① 轴线法：是利用轴线来组织景点的方法。连接两点或多点的基线，把基线作为轴，可以有形的，也可以无形的，可以有机秩序感，有诱导和观赏的作用（图1-104）。

② 对构法：重要景物组织到视线的终结处，或轴线的端点出，形成终视点效果，对构法会形成底景、对景和主景（图1-105）。

③ 因借法：视点、视线的组织、把景物纳入视线之中，丰富景观层次、扩大空间感。如近借、远借、仰借、俯借等（图1-106）。

图 1-104 轴线法

图 1-105 对构法

图 1-106 因借法

④ 相似法：包括形似、神似，主要是指形似。使事物之间的形象相近似，以求得整体的和谐。包括利用反射作用在造型上的重复，从而产生和谐统一的效果（图 1–107）。

⑤ 抑扬法：利用空间对比强化视觉感受。方法有：由低到高；由窄到宽；由阴到阳；封闭到开敞等（图 1–108）。

⑥ 透视法：是利用视觉的错觉，来改变景观环境效果的做法（图 1–109）。

⑦ 诱导法：充分考虑到动感效应的一种手法，让观赏者能够先知主景所在和前进的目的，可用艺术处理将观赏者逐渐引到主景区（图 1–110）。

⑧ 衬托法：用图底衬主体图，突出主要景物，加大对比度，强调色差，利用色彩、明暗、体量等。

同时，也要强化主景的边缘、天际线，使轮廓更清晰（图 1–111）。

⑨ 框景法：景物框在景框内或墙体镂空时，观赏景物便更加美丽，层次更加丰富，空间的变化也更加丰富（图 1–112）。

⑩ 虚拟法：是一种限定空间的方法，可以围合，也可以不围合，如一些虚体大门的处理手法（图 1–113）。

图 1–110　诱导法

图 1–107　相似法

图 1–111　衬托法

图 1–108　抑扬法

图 1–112　框景法

图 1–109　透视法

图 1–113　虚拟法

⑪ 障景法：是一种先抑后扬的手法，可以先抑（阻）视线，又能引导空间转折。"欲露先藏"避免一览无余，大有"山穷水尽疑无路，柳暗花明又一村"之趣（图1-114）。

景观设计中计算机辅助设计：科技飞跃发展的今天，新兴电脑辅助设计已经成为景观设计不可缺少的一门非常成熟的设计手法之一。经过十几年的发展，电脑设计已成为独立的一门艺术形式。图纸设计中的规范性和真实性都超越了传统手绘基础绘图方法，越来越被各行各业所认可。景观设计师电脑设计常用软件有：CAD、Photoshop、3DMax、Sketchup等。

CAD绘制平面图（图1-115）。
Photoshop绘制平面图（图1-116）。
3DMax绘制效果图（图1-117）。
Sketchup绘制效果图（图1-118）。

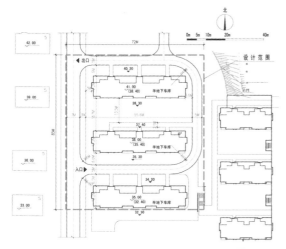

图1-115

图1-116

图1-117

图1-114 障景法

图1-118

三、景观设计形式与空间类型

景观设计的空间类型有多种划分方式。在本教材中主要是根据景观设计的空间自然属性和社会属性进行划分的。划分成城市公共空间、风景名胜区、自然保护区、旅游度假区、纪念性景观、地质公园、遗址公园、湿地景观八大类景观。另外还有新农村景观等，但考虑到目前的景观设计多数是前八大类景观的设计，在此就不讲授新农村景观的设计。

▶▶ 1. 城市公共空间景观

城市公共空间是指城市或城市群中，在建筑实体之间存在着的开放空间体，是城市居民日常生活和社会生活公共使用的室外空间，是居民举行各种活动的开放性场所。它包括广场、公园、街道、居住区户外场地、公园、体育场地、滨水空间、游园、商业步行街等。从根本上说，城市公共空间是市民社会生活的场所，

是城市实质环境的精华、多元文化的载体和独特魅力的源泉。目前景观设计场地大部分都是城市内公共空间的场地景观设计（图1-119至图1-124）。

▶▶ 2. 风景名胜区景观

根据中华人民共和国国务院于2006年9月19日公布并自2006年12月1日起开始施行的《风景名胜区条例》，风景名胜区是指具有观赏、文化或者科学价值，自然景观、人文景观比较集中，环境优美，可供人们游览或者进行科学、文化活动的区域。

风景名胜包括具有观赏、文化或科学价值的山河、湖海、地貌、森林、动植物、化石、特殊地质、天文气象等自然景物和文物古迹，革命纪念地、历史遗址、园林、建筑、工程设施等人文景物和它们所处的环境以及风土人情等。自1982年起至2012年11月，国务院总共公布了8批、225处国家级风景名胜区（图1-125至图1-130）。

图1-119 台湾士林官邸园林景观

图1-122 辽宁营口市明湖广场

图1-125 安徽九华山风景

图1-128 甘肃崆峒山

图1-120 居住区游园景观

图1-123 岳麓山橘子洲头景区

图1-126 内蒙古扎兰屯

图1-129 黄山云海

图1-121 台湾二二八纪念公园追思廊

图1-124 西安大唐不夜城

图1-127 安徽齐云山景色

图1-130 四川乐山大佛

3. 自然保护区景观

自然保护区景观实质就是自然保护区的自然景观与人文景观相结合的复合型景观。

图 1-131 贵州梵净山

《中华人民共和国自然保护区条例》第二条定义的"自然保护区"为"对有代表性的自然生态系统、珍稀濒危野生动植物物种的天然集中分布区、有特殊意义的自然遗迹等保护对象所在的陆地、陆地水体或者海域，依法划出一定面积予以特殊保护和管理的区域"。

图 1-132 江西武夷山

自然保护区也常是风光绮丽的天然风景区，具有特殊保护价值的地质剖面、化石产地或冰川遗迹、岩溶、瀑布、温泉、火山口以及陨石的所在地等。

图 1-133 辽宁医巫闾山

截至 2012 年年底，全国（不含港、澳、台地区）共建立国家级自然保护区 363 个，面积 9415 万公顷，占国土面积的 9.7%（图 1-131 至图 1-135）。

图 1-134 广东丹霞山

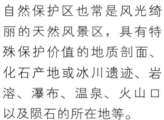

图 1-135 吉林长白山天池

4. 旅游度假区景观

旅游度假区景观是指以接待旅游者为主的综合性旅游区，集中设置配套旅游设施，所在地区旅游度假资源丰富，客源基础较好，交通便捷，对外服务有较好基础。

图 1-136 苏州太湖旅游度假区

旅游度假区的景观设计是通过改造环境来实现生态系统的总体平衡，从而实现社会的可持续发展。它包括自然景区设计、生态旅游规划、文化浏览开发、旅游度假设施建设等相关主题进行的景观设计。景观生态学的迅速发展和合理应用，为建设生态型的旅游度假区提供了理论依据。运用景观生态学的原理，研究了旅游度假区景观建设的生态规划途径，以保障景观资源的永续利用，目前我国有 12 处国家旅游度假区（图 1-136 至图 1-140）。

图 1-137 大连金石滩旅游度假区

图 1-138 广西北海银滩旅游度假区

图 1-139 上海佘山旅游度假区

图 1-140 三亚亚龙湾旅游度假区

▶▶ 5. 纪念性景观

《现代汉语词典》对"纪念"一词的解释是：用事物或行动对人或事表示怀念。它是通过物质性的建造和精神的延续，达到回忆与传承历史的目的。

根据韦氏字典的解释，"纪念性是从纪念物（monument）中引申出来的特别气氛，有这样几层意思：①陵墓的或与陵墓相关的，作为纪念物的；②与纪念物相似有巨大尺度的、有杰出品质的；③相关于或属于纪念物的；④非常伟大的等。"通过对"纪念"、"纪念性"和"景观"的释义，并借鉴《景观纪念性导论》（李开然著）一书中对纪念性景观内涵的概述，把纪念性景观理解为用于标志、怀念某一事物或为了传承历史的物质或心理环境。也就是说当某一场所作为表达崇敬之情或者是利用场地内元素的记录功能描述某个事件的时候，这一场地往往就是纪念性场地了，所形成的景观就是纪念性景观。它包括标志景观、祭献景观、文化遗址、历史景观等实体景观，以及宗教景观、民俗景观、传说故事等抽象景观等（图1-141至图1-146）。

▶▶ 6. 地质公园

地质公园是以具有特殊地质科学意义，稀有的自然属性、较高的美学观赏价值，具有一定规模和分布范围的地质遗迹景观为主体，并融合其他自然景观与人文景观而构成的一种独特的自然区域。

既为人们提供具有较高科学品位的观光旅游、度假休闲、保健疗养、文化娱乐的场所，又是地质遗迹景观和生态环境的重点保护区，地质科学研究与普及的基地。

建立地质公园的主要目的有三个：保护地质遗迹，普及地学知识，开展旅游促进地方经济发展。地质公园分四级：县市级地质公园、省地质公园、国家地质公园、世界地质公园，截至2011年11月，国土资源部一共公布六批共218家国家地质公园（图1-147至图1-152）。

图1-141　英国海德公园戴安娜纪念喷泉

图1-144　侵华日军南京大屠杀遇难同胞纪念馆

图1-147　台湾野柳地质公园

图1-150　江西庐山

图1-142　加拿大纪念碑

图1-145　沈阳九·一八历史博物馆

图1-148　敦煌雅丹地质公园

图1-151　河南云台山

图1-143　英国格林公园加拿大纪念碑

图1-146　美国杰弗逊纪念拱门

图1-149　云南石林

图1-152　湖南张家界

▶▶ 7. 遗址公园景观

遗址公园景观既是"遗址的"又是"公园的"，即利用遗址这一珍贵历史文物资源而规划设计的公共场所，将遗址保护与景观设计相结合，运用保护、修复、创新等一系列手法，对历史的人文资源进行重新整合、再生，既充分挖掘了城市的历史文化内涵，体现城市文脉的延续性，又满足现代文化生活的需要，体现新时代的景观设计思路。

遗址公园既是历史景观，又是文化景观，遗址公园设计主要应把握风貌特色和历史文脉得以延续和发扬（图1-153至图1-157）。

图 1-153 元大都遗址公园

图 1-154 北京古观象台

图 1-155 牛河梁遗址博物馆

图 1-156 营口西炮台

图 1-157 北京明城墙遗址公园

▶▶ 8. 湿地景观

湿地按性质一般分为天然湿地和人工湿地。天然湿地包括：沼泽、滩涂、泥炭地、湿草甸、湖泊、河流、洪泛平原、珊瑚礁、河口三角洲、红树林、低潮时水位小于6米的水域。湿地景观是指湿地水域景观。近几年来，湿地景观设计作为一种特有的生态旅游资源，在旅游规划中的开发和利用也越来越受到重视。

湿地旅游景观设计时要充分考虑丰富的陆生和水生动植物资源，形成了其他任何单一生态系统都无法模拟的天然基因库和独特的生境，特殊的水文、土壤和气候提供了复杂且完备的动植物群落，它对于保护物种、维持生物多样性具有难以替代的生态价值。每一因素的改变，都或多或少地导致生态系统的变化和破坏，进而影响生物群落结构，改变湿地生态系统（图1-158至图1-162）。

图 1-158 营口湿地公园

图 1-160 沙家浜湿地

图 1-159 苏州太湖湿地

图 1-161 杭州西溪湿地

图 1-162 陕西千湖湿地

四、景观设计构成要素

景观设计的构成要素主要分成两大类：即景观环境的自然要素和景观环境的人文要素。

▶▶ 1. 景观环境的自然要素

景观环境的自然元素主要包括气候、地形地貌、水体、植物等。自然元素所形成的风景包括山岳风景、水域风景、滨海风景、森林风景、草原风景、生物景观和气候风景等（图1-163至图1-165）。

我国是一个山川秀丽、风景宜人的国家，丰富的自然景观一直闻名于世，为中外游人所青睐。丰富的景观自然元素为美丽的风景创造了先决条件。景观设计必须充分考虑场地的自然元素，气候类型会影响植物选择，同时也会影响植物的季相变化。景观的自然元素是影响景观设计的关键因素，因为必须因地制宜的进行设计的构思。

地貌的起伏构成自然景观的基本骨架，地貌具有的立体感和形象感以雄伟、险峻、幽深、壮阔或恬静的特征，给人以自然美的感受。地貌的变化能影响人的心情，开阔的视野能使人心情舒畅。由于山地的空间变化形成的自然景观丰富，因而具有较强的欣赏性（图1-166）。地表的起伏变化状况和走向在中国传统的景观环境中非常讲究，这与中国建筑文化传统中注重风水的渊源相关（图1-167至图1-172）。

图1-163　内蒙古海拉尔草原风光

图1-164　大连滨海路景观

图1-165　甘肃敦煌月牙泉景观

图1-166　湖南张家界景观

图1-167　四川九寨沟景区五彩池景观

图1-168　四川黄龙景区五彩池景观

图1-169　陕西华山玉皇顶

图1-170　辽宁阜新海棠山摩崖石刻

图1-171　辽宁本溪水洞

图1-172　内蒙古海拉尔草原白桦林

▶▶ 2. 景观环境的人文要素

景观设计是人类精神活动的重要组成部分，人类的文明积淀和创造性精神均可在其空间、形状、色彩等方面得以体现，而其蕴含的人文价值和精神力量使人文景观充满了魅力。人文景观是历史发展的产物，具有历史性、人文性、民族性、地域性和实用性等特点。

人文景观的具体构成形式包括古代建筑、文化遗址、古代城市景观以及民族民俗景观等，而这些构成形式之间又有互相联系和影响，组成了一个综合性的人文景观要素（图1-173）。

人文景观是人们在长期的历史人文生活中所形成的艺术文化成果，是人类对自身发展过程科学、历史、艺术的概括，并通过景观形态、色彩以及其他的整体构成表现出来。

人文景观是园林中最具特色的要素，而且丰富多彩，艺术价值、审美价值极高，是文化中的瑰丽珍宝。

人文景观要素主要包括：名胜古迹类、文物与艺术品类、民间习俗与节庆活动类、地方特产与技艺类等。名胜古迹类包括古代建筑(宫殿、陵墓)、民居、桥梁、园林、宗教建筑、文化遗址等；文物艺术景观是指石窟、壁画、碑刻、摩崖石刻、石雕、雕塑、假山与峰石、名人字画、文物、特殊工艺品等文化、艺术制作品与古人类文化遗址、化石。古代石窟、壁画与碑刻是绘画与书法的载体，现代有些已成为名胜区。

民俗风情是人类社会发展过程中所创造的一种精神和物质现象，是人类文化的一个重要组成部分。社会风情主要包括民居村寨、民族歌舞、地方节庆、宗教活动、封禅礼仪、生活习俗、民间技艺、特色服饰、神话传说、庙会、集市、逸闻等。我国民族众多，不同地区、不同民族有着众多的生活习俗和传统节日。

人文景观要素既是景观的组成部分，又是景观艺术设计创意的源泉（图1-174至图1-176）。

图1-173　南京明孝陵

图1-174　西安戏剧公园1

图1-175　西安戏剧公园2

图1-176　安徽九华山

第二章
景观设计程序与实训

第二章 景观设计程序与实训

景观设计目的就是将设计师的理念与目的传达给观赏者，景观设计是从现场勘查、理念产生、方案构思、图纸表达、施工设计等一系列过程，不同时期设计过程因服务对象不同而有差别。现代景观设计主要满足大众行为心理和生理的需求，因此公众的参与性较强，空间尺度也有了变化，尤其目前景观设计大多数采取工程设计招标方式，使景观设计进入了市场化阶段。

本章内容首先讲解景观设计的基本程序，其次讲解居住区、道路、公园三种空间类型景观设计项目实训，强化学生的实践能力。

一、景观设计的程序

景观设计的过程是感性和理性思维相结合的过程。方案构思需要感性的认知，施工图设计必须有理性的思维，设计必须符合设计场所的需求，因此景观设计必须强调实践性。本章是教材的核心部分，在讲解景观设计程序的基础上，主要加强学生设计实训能力，通过案例分析、实训作业等使学生掌握设计流程、不同空间类型的设计要点，强化学生景观设计的实践能力。

图 2-1 现场勘测照片

目前，一般情况下景观设计的过程基本分为五个阶段：任务书阶段、场地调查和分析阶段、方案的概念设计阶段、方案扩充（详细）设计阶段和施工设计阶段。

▶▶▶ 1. 任务书阶段

目前在我国景观设计任务主要有委托设计和招标设计两种形式。但无论哪种形式，委托方（或招标方）都要给出设计任务书。任务书的内容主要包括：项目概况、设计依据、竞标方式、设计成果要求（总体要求、具体内容包括设计图版展示和文字说明、设计成果文件等）、评标办法、日程安排、费用补偿等内容。

图 2-2 设计场地现场调研

在任务书阶段，设计人员应该充分了解设计委托方的具体要求，有哪些愿望，对设计所要求的造价和时间期限等内容。这些内容往往是整个设计的根本依据，从中可以确定哪些值得深入细致地调查和分析，哪些只要做一般的了解。在任务书阶段很少用到图面，常用以文字说明为主的文件。

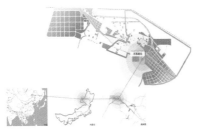

图 2-3 设计场地区位分析图

▶▶ 2. 场地分析阶段

掌握了任务书阶段的内容之后就应该着手进行基地调查，到现场拍摄照片，对地形地貌进行观察，收集与基地有关的资料，补充并完善任务书和设计委托方提供资料不完整的内容，对整个基地及环境状况进行综合分析。收集来的资料和分析的结果应尽量用图面、表格或图解的方式表示（图2-1、图2-2）。

场地分析的内容包括：场所区位分析、场地所在位置的自然要素（气温、降水、坡度、坡向、高程、水文、生态物种等）分析、场所周边环境条件（周边的用地性质，其他相同项目的分布及服务半径、人群行为活动、道路交通条件等）分析、场地社会人文要素（历史信息、名胜古迹、民风民俗）分析等内容。

一般通过轴测图的形式分层次进行分析，主要是发现场地进行景观设计的限制因素，为下一阶段的构思和方案设计奠定基础（图2-3至图2-6）。

▶▶ 3. 方案的概念设计阶段

方案的概念设计也称方案初步设计，是最终成果的前身，相当于一幅图的草图，就是在综合考虑任务书所要求的内容和基地及环境条件基础上，对场所进行主题设计定位，提出一些方案构思和设想，进而提出场所设计方案的系列过程。在没有最终定稿之前的设计都统称为概念（初步）设计。

当基地规模较大及所安排的内容较多时，就应该在方案设计之前先作出整个景观的用地规划或布置，保证功能合理，尽量利用基地条件，使诸项内容各得其所，然后再分区分块进行各局部景区或景点的方案设计。若范围较小，功能不复杂，则可以直接进行方案概念设计。

方案概念设计阶段本身又根据方案发展的情况分为方案的构思、方案的选择与确定以及方案的完成三部分。主要步骤有：整理分析资料—找到主题—依据主题进行构思—确定用途设计模式—摆出多种界面—设计出多种思路—选出最合适的一种设计模式（图2-7、图2-8）。

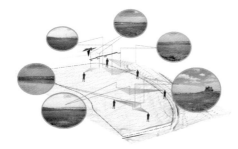

图2-4 设计场地现状分析图

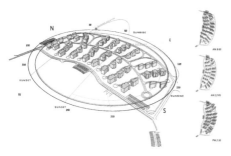

图2-5 设计场地日照分析图

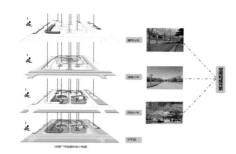

图2-6 场地空间构成分析轴测图

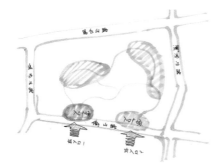

图2-7 功能分区图

图2-8 概念设计图

该阶段的工作主要包括进行功能分区，结合基地条件、空间及视觉构图确定各种使用区的平面位置（包括交通的布置和分级、广场和停车场地的安排、建筑及入口的确定等内容）。常用的图有功能关系图、功能分析图、方案构思图和各类规划及总平面图（图2-9至图2-15）。

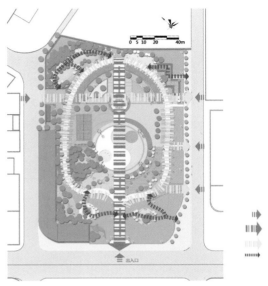

图 2-9　设计场地交通分析图

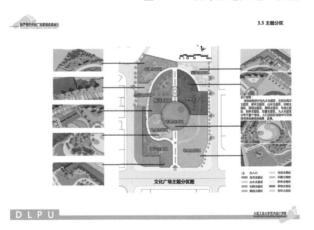

图 2-10　设计场地区域分析图

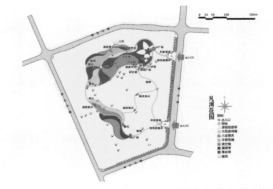

图 2-11　设计场地色彩分析图

图 2-12　设计总平面图

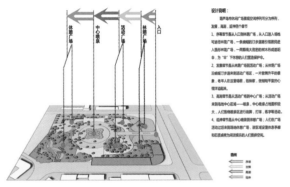

图 2-13　设计场地空间序列分析图

图 2-14　鸟瞰效果图

图 2-15　与甲方沟通汇报现场

扩充设计就是扩大性初步设计，也称详细的设计。是对方案概念设计进行细化的一个过程。是指在方案初步设计基础上的进一步设计，但设计深度还未达到施工图的要求，小型工程可能不必经过这个阶段直接进入施工图。

方案概念设计任务完成后，经过委托方的评审和沟通，对方案概念设计的内容进行修改完善，同时注重细部设计，扩充阶段的方案图纸应该具备可以使用该图纸进行施工图设计的要求（图2-16至图2-18）。

图2-16 局部效果图1

图2-17 局部效果图2

图2-18 局部效果图3

施工图阶段是将设计与施工连接起来的环节。根据所设计的方案，结合各工种的要求分别绘制出能具体、准确地指导施工的各种图样，这些图样应能清楚、准确地表示出各项设计内容的尺寸、位置、形状、材料、种类、数量、色彩以及构造和结构，完成施工平面图、地形设计图、种植平面图、园林建筑施工图等。

施工图具有图纸齐全、表达准确、要求具体的特点，是进行工程施工、编制施工图预算和施工组织设计的依据，也是进行技术管理的重要技术文件。一套完整的施工图一般包括：各类图表及文字说明、平面图、立面图、剖面图、植物种植设计施工图、地面铺装设计施工图、给排水施工图、电气施工图、暖通施工图、景观建筑施工图和结构施工图、公共基础设施设计大样图、园路基础结构图、节点大样图等（图2-19至图2-21）。

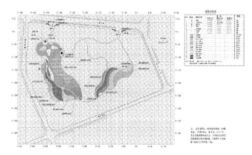

图2-19 施工放线图

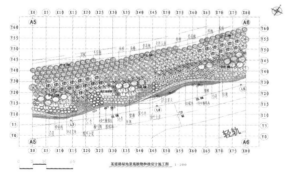

图2-20 植物种植设计施工详图

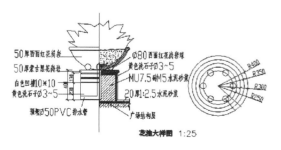

图2-21 花坛设计施工大样图

▶▶ 1. 课程要求

居住空间是人们重要的生活空间，随着国家经济建设的发展和人们生活水平的提高，对居住空间景观设计的要求越来越高，尤其目前的文化多元化融合、景观设计的多学科交叉，使得目前的居住景观设计也变得风格多样化、中西结合的现状，如何在居住区景观设计中体现民族特色、地域文化，从而使居民找到"家"的感觉就显得日益重要。

通过对居住区景观设计的典型案例分析，了解居住区景观设计的风格、设计元素、设计图纸深度要求等，然后通过项目认知实践及实训作业检验学生掌握知识水平，强化学生实践设计能力。

1）训练目的

通过对两个居住区景观设计案例的分析，使学生了解居住区景观设计要素、设计内容、设计方法、步骤和设计要点，进而能尝试进行居住区景观设计。

2）训练重点

本次项目实训重点在于让学生掌握居住区景观设计的步骤以及局部空间的设计表达。

3）学习难点

现代居住区景观设计的难点在于居住区景观设计特点应该与建筑风格相协调，营造有特色的居住空间。

4）项目认知实践

在案例分析基础上，由老师带领学生对某一在建居住区进行实地考察，现场讲解。

学生在老师指导下完成某一居住区景观设计，掌握设计流程和设计要点。

5）实训作业

时间要求：作业根据设定难度，建议学生用一周时间来完成。

深度要求：构思草图、总平面图、设计说明、立面图、局部效果图若干张。

▶▶ 2. 设计案例

案例一：泛美华庭居住区景观设计

① 项目概况　此设计项目是北方某居住区景观设计，建筑风格为现代风格，楼体以色彩装饰为主，绿地面积 27615 平方米。

② 方案设计　首先是方案概念设计，设计师通过手绘设计表达做出小区交通规划和功能分区，设计中应用了意向景观现场照片，给甲方比较直观的感受。此居住区景观设计为现代景观设计，简洁大方的设计手法，多以人工几何形态景观设计形式为主。

方案设计时首先通过道路规划对居住区进行设计区域划分，满足居住区内居住人群休闲、娱乐、生活的环境功能需要。让不同人群都在居住区内找到自己娱乐和休闲的满足。针对青年人群设计休闲广场，满足人际交往和放松娱乐的需求。针对老年人设计出健身区来满足老年人群交流健身需求。同时还在园区内设计了儿童游场所，满足小区内儿童的游乐玩耍娱乐需要，给孩子一个美好的童年。这三大区域设计，是本方案设计的核心，也是小区设计重点，缺一不可。

总平面设计中设施布局的基本要求：居住区内各项公共服务设施、交通设施以及户外活动场地的布局在满足各自的时空服务距离的同时，以达到使居民有更多的选择为目标。

③ 考虑因素　上述设施在布局中可以考虑在平面上和空间上的结合，其中公共服务设施、交通设施、教育设施和户外活动设施的布局对住宅区规划布局结构的影响较大。同时应该注意到，随着现代网络技术的发展和进入家庭，部分公共服务设施和教育设施的布局特别是管理设施的位置将逐步摆脱服务半径的限制（图 2-22）。

④ 经济技术指标

总用地面积：27615 平方米

总建筑面积：163395 平方米

占地面积：9155 平方米

地上建筑面积：127999 平方米

居住建筑面积：109020 平方米

地下建筑面积：35396 平方米

人防建筑面积：3396 平方米

设备用房建筑面积：2620 平方米

绿化面积：7100 平方米

道路面积：3600 平方米

停车位：585 辆

容积率：4.63

建筑密度：33.2%

绿化率：25.7%

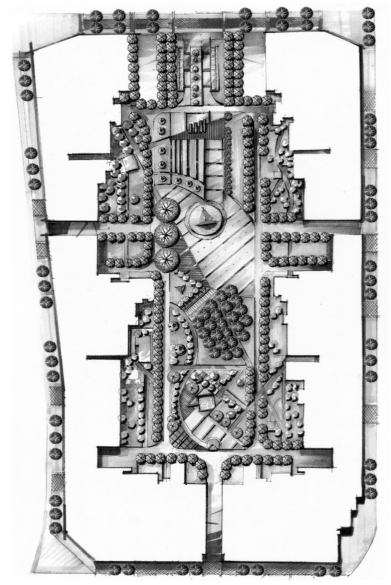

图 2-22　泛美华庭小区总平面图

概念平面设计方案通过后，乙方会根据甲方要求进行修改，同时对景观设计局部细化。运用设计手绘表现形式把前期概念设计意向深化成丰富多彩的艺术效果图设计，把甲方和设计师沟通的想法通过手绘设计完美表现出来（图2-23、图2-24）。

图 2-23　入口处景观设计效果

图 2-24　居住区内休闲广场设计

图 2-25　林荫小路景观设计 1

图 2-26　林荫小路景观设计 2

⑤ 人行步道　本居住区的人行步道用石板材料铺装，左侧以大叶黄杨绿篱形成与车行道路的隔离绿带，右侧与水系相连种植毛杜鹃、金边黄杨色块、灌木球及鸢尾等植物，形成自然、亲水的步行景观。楼栋宅间、庭院等人行步道，通过小径营造悠闲、私密的居住环境，且绿化成本低（图 2-25、图 2-26）。

⑥ 儿童游乐区　首先要考虑的是安全。从儿童角度出发，注意使用尺度，地面铺装（软胶、沙土等）、材质的选用，避免选择有毒植物和慎重配置影响视觉的灌木，景观设施具体细部多点考虑弧线设计，避免撞到小朋友。其次才是舒适，注意大人和小孩的互动，坐的地方和主要停留的地方要有一定的遮阳等。最后是乐趣，富有创造性，可以人工设置一些地形或者其他设施让孩子攀爬、探险，小朋友都喜欢有一定挑战性的东西，还有色彩等都可以作为考虑的要素（图 2-27）。

图 2-27　儿童游乐区

图 2-28　居住区楼间景观设计

⑦ 楼间绿地景观设计　在居住区内楼与楼之间会有一定面积的空地，设计师在保证道路功能顺畅的前提，在道路两边多以种植植物为主，常栽植耐修剪的灌木。适当种植些花卉，营造一种温馨和谐的气氛。在楼间活动场地内设计和布局景观小品，既不破坏整体景观设计特点，又丰富了小区公共空间景观。小区景观规划设计依据绿地空间安排和植物疏密布置，草坪绿地的微地形设计要求自然，楼间绿地如有模纹（色块）设计时，模纹（色块）栽植设计需结合景观道路线路形态和绿地地形、坡度、高差及景观空间现状，运用平面和鸟瞰效果图进行设计布置。设计模纹（色块）是按灌木的品种叶色、叶形、花色等组合（植物组团设计）搭配达到自然和谐美观（图 2-28、图 2-29）。

图 2-29　住宅楼入口景观设计

图 2-30　乔木和灌木组团种植设计形式

图 2-31　灌木组团种植设计形式 1

居住区内植物种植设计时多以乔木和灌木、草木花卉进行配置设计，花卉种植只是起到一定的装饰作用，且成本高不适合大面积种植。花卉种植多是点缀，主要以乔木和花灌木为主（图 2-30 至图 2-32）。

设计师在居住区道路景观局部空间布置设计长廊，以便于人群在楼间空间中休闲游玩时能坐下来休闲，既是交流场所又能在夏天遮挡阳光，为居住区居住人群带来生活上的便利（图 2-33）。

图 2-32　灌木组团种植设计形式 2

图 2-33　景观小品长廊设计

案例二：银亿万万城小区设计

本设计是学生实习设计方案，学生针对小区特点做了设计和功能划分，方案因建筑容积率偏高，景观设计时限制因素较多，但学生还是在小区楼间距之间做了很多小场景的景观设计，道路划分比较合理（图2-34）。

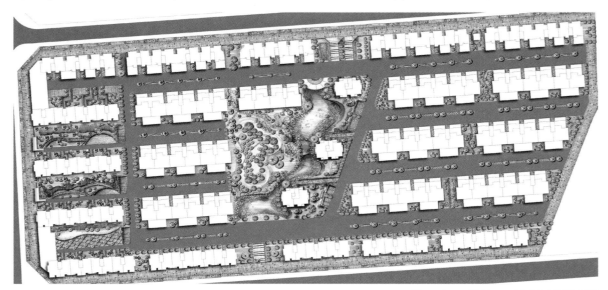

图2-34　银亿万万城小区总平面图

景观轴线分主轴线和次轴线，主轴线是指一个场地中把各个重要景点串联起来的一条抽象的直线，轴线是一条辅助线，把各个独立的景点以某种关系串联起来，让方案在整体上不散，作为它们的骨架。另一个功能是给人们视线的指引，沿着轴线的方向，可以看到设计师精心布局的空间，强调人们在空间中的体验。主要景点之外还有次要景点，一般是以主轴线向两边渗透，形成连接次要景点的次轴线。设计中务必重视景观轴线。主轴线不一定只有一条，也可以有多条主轴线。

景观节点就是吸引人群在园区景观处停留观看和游玩，有的景观节点是观赏类，有的是人能进去互动休息的。景观节点多以植物、水景、雕塑、建筑景观为主（图2-35）。

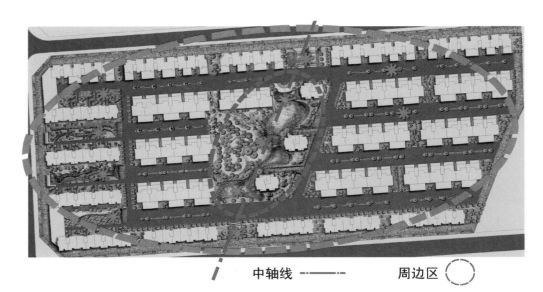

中轴线 ------　　　周边区 ⬭

中心区 ⬭　　　景　点 ✳

图2-35　区域划分和景观轴线

居住区亲水绿地设计主要考虑人与自然的和谐，保留和运用原有的优势植物资源，减少对原有生态系统的破坏，摒弃过分人工的绿化形式，模拟自然构建稳定的植物群落，营造更怡人的现代都市生活的居住区景观，防洪、生态、景观多功能兼顾。滨水绿地是一线性景观生态廊道，利用蜿蜒的游览步道串联起一个个景观空间，通过虚实、开合的空间变化设计形成多元的游览空间单元，达到步移景异的景观空间序列效果。临水种植的树种必须要具备一定耐水湿的能力，乔木主要选用耐水能力较强的垂柳、枫杨等，水生、湿生植物选用野茭白、黄菖蒲、水烛香蒲、花叶卢竹、水竹芋、千屈菜等（图 2-36）。

图 2-36　园区中心亲水绿地景观局部平面图

① 开敞空间　亲水平台、广场、砂石驳岸等区域设置亲水平台、小广场作为景观节点，人流较小区域设置砂石河滩，吸引居民来游憩、戏水，同时也是欣赏风景的透景线，设计间距 300 ~ 400m。

② 半开敞空间　疏林草地、临水种植设计，水中植物倒影，疏朗的水杉和阔叶树混交林，郁闭度控制在 0.4 ~ 0.6，以营造具有空间围合感、寂静休憩思考空间，同时滨水植物在逆光方向会形成水中倒影，对岸看倒影在水中树影婆娑、碧波荡漾、隐约迷离，给人以无限遐想的空间和"疏影横斜水清浅，暗香浮动月黄昏"的意境。

③ 封闭空间　密林、林荫小道通过乔灌木的群落组合形成封闭空间，郁闭度控制在 0.7 以上，减少人类的活动范围，为野生动物、昆虫提供一个优良的栖息地。在林中布置一条随地形起伏、蜿蜒曲折的汀步，形成蜿蜒曲折的羊肠小道，寻求"林间漫步、曲径探幽"的野趣（图 2-37）。

图 2-37　亲水绿地中心景观鸟瞰效果图

图 2-38 亲水绿地景观节点图 1

图 2-39 亲水绿地景观节点图 2

"水无石不清"，为了营造水系的自然景观，沿河岸线散置一些景石，并结合种植一些水生、湿生植物对生硬的护岸进行软化，同时也能起到较好的景观效果。护岸的平面线型设计为曲线，保留自然河道的美感，一方面在亲水平台处局部调整河岸线；另一方面通过水边植被的疏密种植、景石的随意摆放，弱化、柔化人工生硬的河岸线，使其更加自然、柔美（图 2-38、图 2-39）。

亲水平台的设计既要满足人的亲水需求，又必须要保证安全。由于水位的变化幅度较大，亲水平台临水处设计了多个台阶，以适应不同水位的变化，并在水边设置人性化的警示标志。

通过水生、湿生、林地植物群落的组合设计，乔灌草结合的方式，形成多层次、交叉镶嵌、物种丰富的生态景观带，增强了景观的异质性，提高了抵抗外界破坏和干扰的能力，有利于生态系统的恢复和形成。通过不同特征群落的组合，空间的收放、开合，形成进退有序、疏密有致的各种小空间和变化丰富、意境优美的林缘线。滨水绿地景观是一带状景观带，通过不同形态、高矮物种的组合和地形的高低起伏，可形成优美的林冠线。

图 2-40 居住区主入口大门设计图

居住区入口的空间景观设计具有一定的开敞性，入口标志性造型（如门廊、门架、门柱、门洞等）应与居住区整体环境及建筑风格相协调，应根据居住区规模和周围环境特点确定入口标志造型的体量尺度，达到新颖大方、独特美观的要求。同时考虑与保安值班室等建筑的形体关系，构成完美的景观组合（图 2-40、图 2-41）。

图 2-41 居住区次入口大门设计图

1）居住区景观环境构成

居住区景观环境构成主要分成主观和客观两部分。主观方面指居住区的地域人文环境、人员组成结构、住户行为心理等；客观方面包括建筑类型及其空间布局、道路、公共服务设施、绿地和地下空间等。其中公共设施包括座椅、老幼设施、健身设施、无障碍设计、灯光设施、宣传栏；居住区绿地的美化包括树种选择、种植密度、修剪造型、花草和草坪面积、道路绿化、入口绿化、停车场绿化等；居住区小品景观设计主要包括建筑小品（休息亭、书报亭、亭廊、门卫等）、装饰性小品（雕塑、花架、喷水池、壁画、花盆、散置石等）、公用设施小品（电话亭、自行车棚、垃圾箱、各类指示标牌等）、市政设施小品（水泵房、变电站、消防栓、灯柱、灯具等）、工程设施小品（斜坡和护坡、地面铺装，景墙、景桥、假山、堤岸、挡土墙等）几部分内容（图2-42至图2-47）。

图2-42　居住区叠水景观

图2-43　居住区围墙景观

图2-44　居住区围墙设计

图2-45　居住区树池座椅

图2-46　居住区儿童活动区

图2-47　居住区活动空间

2）居住区景观设计影响因素分析

居住区景观设计受自然因素的限定、人文因素的深层作用以及环境、行为和心理综合因素的影响。

3）居住区景观设计的总体布局要点

为了创造出具有高品质和丰富美学内涵的居住区景观，在进行居住区环境景观设计时，硬软景观都要注意美学风格和文化内涵的统一。在居住区规划设计之初即对居住区整体风格进行策划与构思，对居住区的环境景观作专题研究，提出景观的概念规划，这样从一开始就把握住硬质景观的设计要点。在具体的设计过程之中，景观设计师、建筑工程师、开发商要经常进行沟通和协调，使景观设计的风格能融化在居住区整体设计之中。因此景观设计的总体布局和风格的确定应是开发商、建筑师、景观设计师和城市居民四方共同沟通后确定的结果。

4）居住区景观设计的主要内容

设计包括入口景观、中心绿地、组团绿地、道路景观、楼间绿地、围墙设计等（图2-48至图2-54）。

图2-50　居住区入口景观

图2-51　居住区花架

图2-52　居住区水景观

图2-48　居住区入口

图2-49　居住区次入口景观

图2-53　英国某居住区内亭子

图2-54　英国某居住区景观

小区道路景观：居住区的道路景观非常重要，是贯穿居住区各楼间的主要交通和观赏路线。

小区道路的铺装材料选择、道路两侧空间营造、道路两侧植物种植设计等都要做统筹安排。居住区绿化软景设计和苗木配置，需要依据项目整体建筑规划及景观规划设计，强调景观绿化与项目整体理念、产品定位和建筑风格的协调。注重景观风格、空间及满足功能性。

小区内的道路景观要注意排水设计，道路绿地摆设的小品要和居住区的建筑风格一致（图 2-55）。

小区内道路景观要注意光照问题，尤其在北方，更要考虑一楼的采光问题。植物种植设计尽量不栽植大乔木，适当做到小乔木、灌木和宿根花卉相结合（图 2-56）。形成整齐、饱满、层次分明的道路绿化色带效果。

小区内的道路景观要注重道路形式设计和植物设计，植物要考虑色彩变换以及季节的变化。尽量栽植一些彩叶树种，丰富视觉效果（图 2-57）。道路也采取自然曲线形式布局，道路两侧不设计路边石，看起来非常自然。有时用条石铺装效果会更好（图 2-58）。

消防车道为住宅小区中庭隐形消防车道，道路和色块弯曲流畅的线形及节点绿化色块，形成自然式园林的小区庭院环境。应注重在前期施工中须依据景观平面图路网线形布置、绿地微地形等来进行道路路基放样，以避免硬化路基影响苗木定位和种植效果。

图 2-55 居住区道路景观 1

图 2-56 居住区道路景观 2

图 2-57 居住区道路景观 3

图 2-58 居住区道路景观 4

5）植物种植设计要点

在现代居住区景观植物种植设计中，为了更好地营造出舒适、优美的居住区景观环境，必须注重树种选择和植物搭配。可以从以下几方面考虑：首先，要考虑尽可能保留原有植物；其次，要使平面植物配置与空间环境相结合，使景观"立面"层次感更加清晰丰富；植物种植设计必须考虑植物生长习性，必须考虑树种选择的适应性，也就是从当地选乡土树种，管理粗放，成活率高，有地方特色；要充分考虑植物的季相变化进行配置，尽量做到乔灌草相结合，形成多层次植物景观，采用常绿树与落叶树、乔木和灌木相结合的植物配置形式，同时还要考虑不同花期和色彩的树种之间的配置；要充分考虑居住区植物绿化的生态功能，尽量减少绿篱和植物模纹（造型）的面积，不能把所谓的美化置于绿化功能之上；也要考虑到与其他植物构成景观元素相结合，形成综合的景观效果。

宜选择生长健壮、有特色的树种，可大量种植宿根、球根花卉及自播繁衍能力强的花卉，既节省人力物力财力，又可获得良好的观赏效果。

植物种植形式要多种多样，如丛植、群植、孤植、对植等，形成丰富多彩的植物景观（图2-59、图2-60）。

① 孤植：对于一些比较名贵、稀有树木的配置方式、可以点景或形成界定特定的空间。② 对植：平面上可以暗示空间、空间上可用树木形成"门式"的形态。③ 列植：成行列的排布，可以成同种类、同形状，也可以是不同类型（图2-61）。④ 丛植：是三颗以上的树木种植在一起的方式；丛植可以取得自然、活泼的效果，一般以奇数出现大小搭配（图2-62）。⑤ 群植：成片种植一种树，或以一种树木为主，其他为辅的进行更大范围的种植（图2-63）。

图2-60 某庭院植物景观

图2-61 居住区植物列植景观

图2-62 居住区植物丛植景观

图2-59 某居住区植物景观

图2-63 居住区植物群植景观

本章节的居住区景观设计的认知实践主要任务是根据本章第一节讲授的景观设计程序的内容，结合居住区景观设计的案例分析，学生在老师的指导下对某一在建居住区项目进行景观设计实践的过程。根据学生目前对景观设计知识和技能掌握的具体情况，由老师根据设计任务书的要求分配任务，同时不要求学生作出施工图设计，只对场地进行分析和方案设计进行到详细设计阶段，最后形成文本和图板进行展示。

任务一：对某一居住区进行考察与测量。老师安排学生去城市中一些在建居住区，实地现场考察和测量，使学生对现实空间尺寸有准确的认识和对土地现状存在的高低差、水系和道路有真实的了解，为下一步设计做好准备。

任务二：对考察后的资料进行分析和整理。安排学生对规划小区地段和周围区域进行周边环境、人为活动等进行现场观察。把考察到的资料作为设计前期制定设计思路和理念参考资料。

任务三：提出设计理念和概念草图。学生根据对小区的现场考察和测量，加上小区周围历史背景、人文的

资料收集，开始根据甲方需要制定详细的设计理念，通过手绘，学生把自己对小区的初步设计想法表现出来，形成概念设计平面图。

任务四：方案设计与效果表现。同学与老师共同探讨，制订出详细的设计方案后，学生通过手绘表现或电脑制图，把居住区景观设计概念设计的图纸形成完整的设计成果，包括总平面图、竖向设计、局部效果图，形成方案文本。

任务五：与甲方和客户进行方案汇报和修改。学生把自己对居住区景观设计的概念设计方案向甲方或老师进行方案汇报，这过程一定要学生自己独立完成自我设计方案的想法汇报，对学生设计语言表达能力培养和训练起着至关重要的作用。学生通过汇报设计，甲方或老师提出设计上的不足，学生进一步完善修改。

任务六：完成设计作品和排版展示。经过跟甲方或者老师进行汇报后进行修改，学生的设计作品经过多次修改，直至使甲方或老师满意为止。然后学生把自己的设计作品形成 A3 文本册子，同时要求在 A0 图板上进行排版，出图后学生们统一进行设计作业展示（图2-64）。

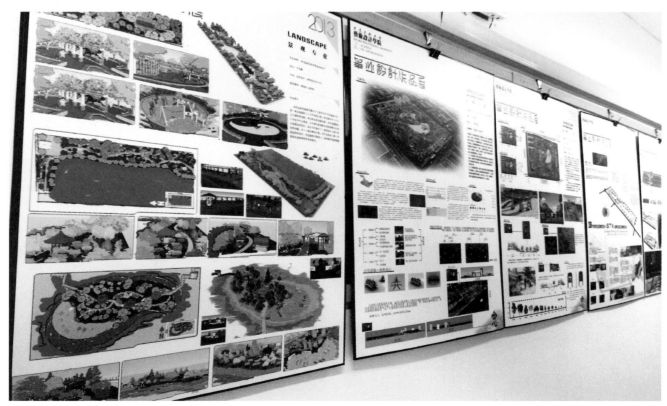

图 2-64　学生作品排版展示

▶▶ **5. 实训作业**

作业一：

1）设计主题

居住区景观设计

2）设计图解

该设计属于北方某城市居住区景观设计，设计范围约 6120 平方米，设计场地范围实质就是入口两侧、出口的南侧以及中间两栋住宅之间的场地。详细距离见图 2-65，图中距离单位均为米。

3）设计要求

设计形式要符合现代居住区景观设计要求，要体现现代居住空间的特点。

4）图纸要求（A2 图纸两张）

① 设计说明（简要说明 200—300 字左右）；

② 总平面图（比例尺 1 : 300，手绘，工具不限）；

③ 交通及功能分析图（比例尺 1 : 500，手绘，工具不限）；

④ 主要立面图（比例尺自定，手绘，工具不限）；

⑤ 局部效果图（主要景点效果图两张，彩色手绘，表现技法及工具不限）。

其中①、②、③使用一张图纸，④、⑤使用一张图纸。

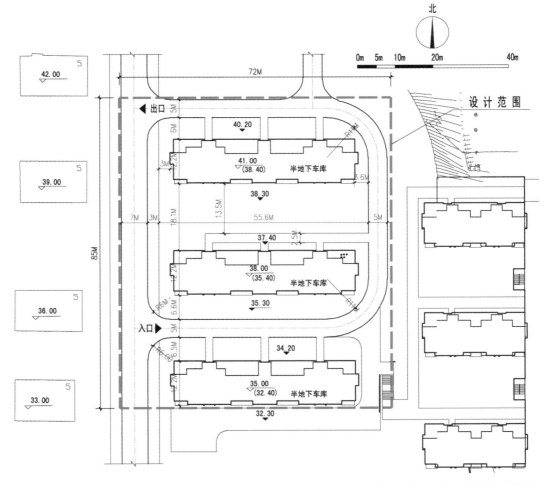

图 2-65 居住区景观设计作业一

作业二：

1）设计主题

居住区景观设计

2）设计图解

（如图 2-66 设计场地平面图）

3）设计要求

根据设计场地具体环境位置、面积规模，完成方案设计任务。具体内容主要包括：总平面布局、主要立面与剖面、主景设计、主要设计材料应用（包括园路与铺地材料、植物材料、小品材料等）、整体设计鸟瞰图（或主要景观透视效果图）以及简要的设计说明（文字表述内容包括场地所在的城市或地区名称、场地规模、总体构思立意、功能分区及景观特色、主要造景材料等）。

设计场地所处的城市地区环境由学生根据情况自定。

4）图纸要求

设计表现方法不限，图纸规格为 A2 或 A1。

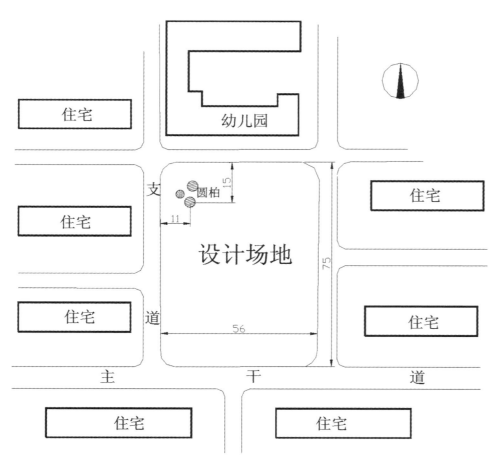

图 2-66　居住区景观设计作业二

三、实训项目二　道路景观设计

无论是城市还是乡村，道路都有交通和划分空间的功能。道路景观是城市和乡镇形象的重要组成部分，道路景观是线性空间环境景观的典型空间类型，尤其是目前的观光景观大道、城市道路立体化、城镇一体化、高速公路建设等，都使道路景观设计显得日益重要。

通过对道路景观设计典型案例的分析，掌握道路景观设计的内容、设计深度、图纸要求等，然后通过项目认知实践过程，在老师指导下进行项目实践训练，提高学生实际操作能力，实训作业是由学生独立完成的内容，主要检验学生掌握本章知识程度。

▶▶▶ 1. 课程要求

1）训练目的
通过对道路景观设计两个案例分析，使学生了解道路景观设计要素、设计内容、设计方法、设计步骤和设计要点，进而使学生能自己尝试进行道路景观设计。

2）训练重点
本次项目训练重点在于让学生掌握道路景观设计的两侧的绿地现状分析及其设计要点。

3）学习难点
现代道路景观设计的难点在于掌握营造有特色的交通、生活型街道景观设计的方法。

4）项目认知实践
在案例分析基础上，由老师带领学生对某一新建成道路进行实地考察，现场讲解。学生在老师指导下完成某一道路景观设计，掌握设计流程和设计要点。

5）实训作业
时间要求：根据设定难度确定作业时间。
深度要求：构思草图、总平面图、设计说明、立面图、局部效果图若干张。提交 A3 文本一册。

案例一：大连市旅顺口区郭水路道路景观设计

1）项目概况

此项目是大连市旅顺口区郭水路至马北路绿地景观设计。全线路段设计沿大连 202 轻轨延伸工程，东起郭家沟，西至旅顺新港，全长为 21.4km，规划绿地范围为沿道路两侧 30m 绿化带，规划总面积约为 1284000 平方米。

图 2-67　郭水路道路路线图

郭水路（图 2-67、图 2-68）与马北路是旅顺新港通往大连市区的重要交通道路，是展现旅顺区城市面貌的窗口。因此，本项目的设计目标是要打造一条现代化、高品位、高标准的生态景观道路，为大连市创建森林城市构筑主体框架。道路全线大部分路段与 202 轻轨线并行。所以本景观设计不同于其他城市道路景观设计，要着重考虑满足公路两侧景观效果的同时，还要兼顾轻轨一侧的视觉效果需求，营造复合道路景观效果，最终达到设计后的道路景观带在视觉上的对称性与统一性。

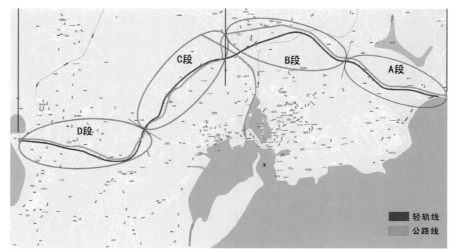

图 2-68　郭水路景观规划图

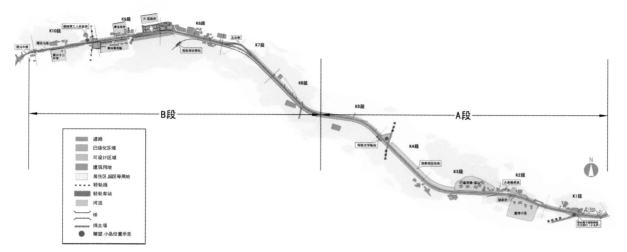

图 2-69　郭水路路线规划示意图（A、B 段）

2）现状分析

根据道路实际情况，为了便于设计图纸，把设计范围分两部分。

第一部分东起郭家沟，西至西沟中桥（A、B 两段），全长 10.1 km（图 2-69），其设计范围数据如下：
① 不需要设计面积约 18.6 万平方米。其中包括绿化路段、区政府周边路段等不需要设计的路段外，还有立交桥、河道等不具备设计条件的路段。
② 可设计面积约 42 万平方米。其中包括蓝湾居住区北侧路段、蓝山居住区南侧路段改造、高新园区路段改造、裸岩、挡土墙面积等。

第二部分东起西沟中桥，西至旅顺新港（C、D 两段），里程 11.3 km（图 2-70），其设计范围数据统计如下：
① 不需要设计面积约 18.8 万平方米。其中包括绿化面积。
② 可设计面积约 49 万平方米。其中包括裸岩延长路段、大兴路北侧居民建筑面积，还有湖泊、河道驳岸面积等。

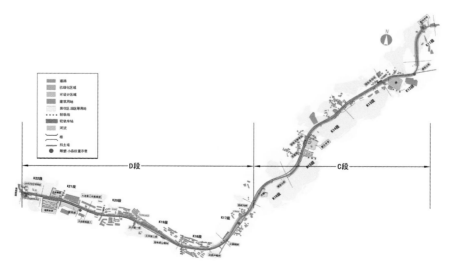

图 2-70　郭水路路线规划示意图（C、D 段）

3）设计范围与内容

① 项目设计范围　郭水路至马北路道路绿地景观设计的规划范围主要是东起郭家沟（旅顺南路与郭水路交叉口向东 500 米为设计起始点），西与旅顺新港相连，沿大连 202 路轨延伸工程建设。道路宽 21.5 米，为国家一级公路。全段总长为 21.4 公里，道路两侧 30 米内为规划范围，（不考虑轻轨占地）规划总面积约为 128 万平方米，其中不需要设计的范围约 37 万平方米，其中包括已绿化面积约 16.7 万平方米、区政府路段、河流桥梁等；需要设计的范围约 91 万平方米（其中裸岩延长 1300 米，面积约为 7.8 万平方米）。

② 项目设计内容　大连市旅顺口区郭水路至马北路道路景观规划的内容主要是对道路两侧的绿化带进行景观规划设计。包括道路景观的植物种植设计、坡地填挖方测算及微地形设计、道路连接处广场景观设计、道路两侧挡土墙及山体裸岩处理设计等。

4）规划设计依据和参考文件

《总图制图标准》（GB/T 50130-2001）、《城市用地分类与规划建设用地标准》（GBJ 137-90）、《城市规划基本术语标准》（GB/T 50280-98）、《城市绿地分类标准》（CJJ/T 85-2002）、《城市道路设计规范》（CJJ 37-90）、《城市道路绿化规划与设计规范》（CJJ/T 75-97）、《风景园林图例图示标准》（CJJ/T 91-2002）、《园林基本术语标准》（CJJ/T 91-2002）《公路建设项目环境影响评价规范》（JTG B03-2006）。

甲方负责部门提供的相关图纸。

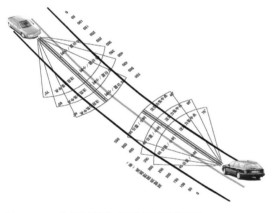

图 2-71　车行速度与视角的关系图示

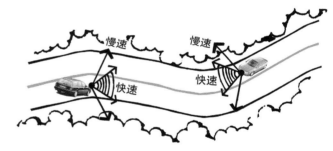

图 2-72　汽车行驶在道路转角处的视角图示

道路空间中的视觉特征包括人的视觉距离、人的动态视觉、人的色彩视觉三个方面。本方案设计主要考虑人乘坐不同交通工具时，如轻轨、货车、客车、轿车等，在不同高度和速度下的动态视觉，研究表明，当车速为 40 km/小时，驾驶员的视野距离在前方 180 米处，水平视角为 75°左右，25 米内的细节看不清楚。车速不同视野就变得不同，构成的景观序列也不同，而视角高度的差别也会使得道路景观在人的视线内呈现出不同的层次（图 2-71 至图 2-73）。

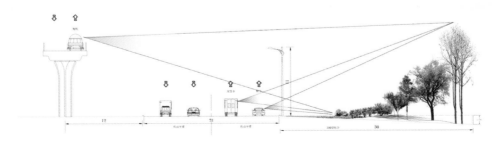

图 2-73　在不同高度和速度下的视觉分析图示

图 2-74 至图 2-86 分别是道路现状分析图、道路景观立面图、道路景观设计位置图及道路景观设计效果图。

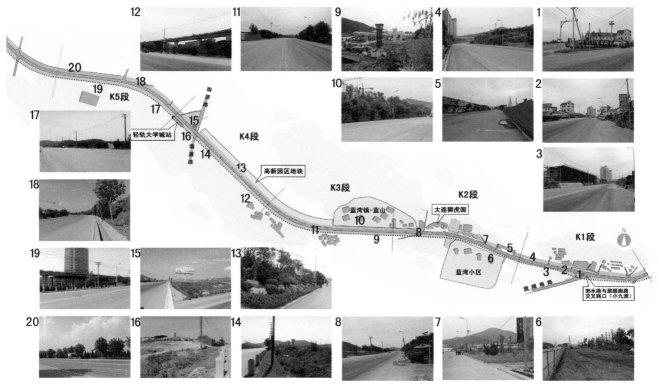

图 2-74　道路 A 段现状分析图

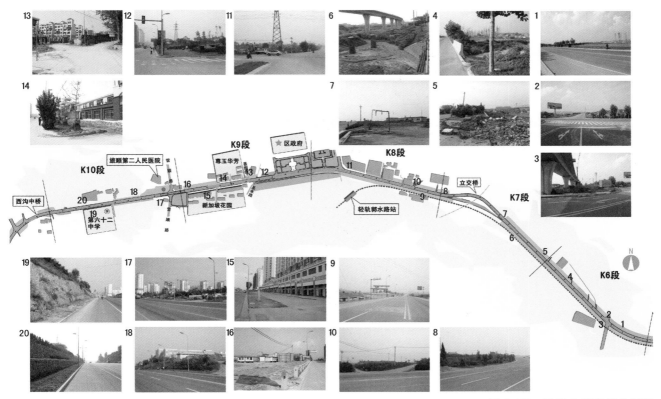

图 2-75　道路 B 段现状分析图

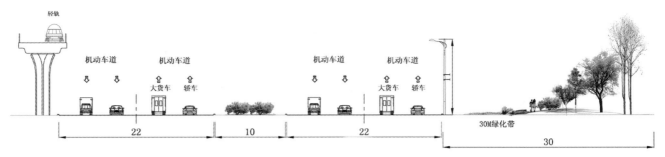

图 2-76 道路景观立面图 1

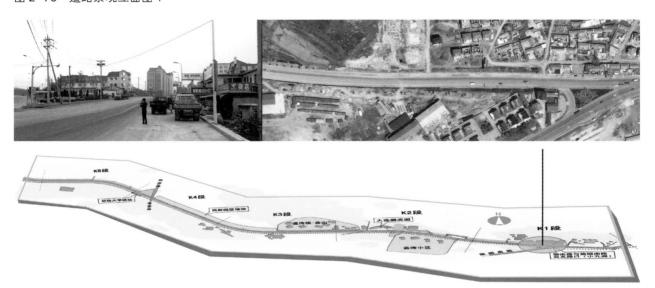

图 2-77 道路景观设计位置图 1

图 2-78 道路景观设计效果图 1

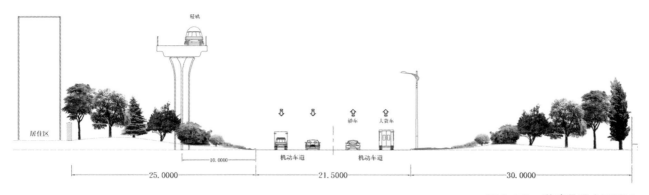

图 2-79　道路景观立面图 2

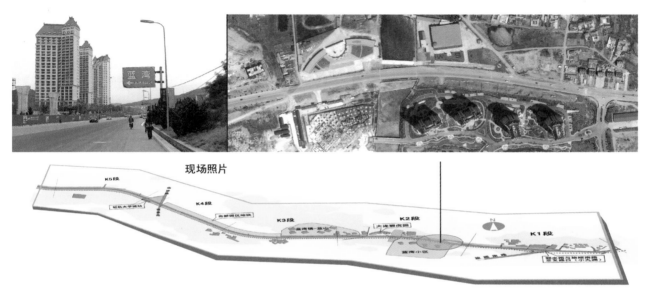

图 2-80　道路景观设计位置图 2

图 2-81　道路景观设计效果图 2

图 2-82 道路景观设计效果图 3

图 2-83 道路景观设计效果图 4

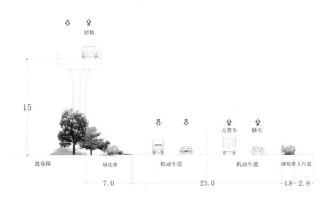

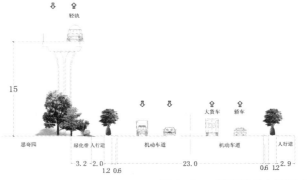

图 2-84　道路景观立面图 3

图 2-85　道路景观设计效果图 5

图 2-86　道路景观设计效果图 6

植物选择主要根据地形、坡度、土壤、周边环境条件、营造景观效果、便于粗放管理等进行道路景观植物配置（图 2-87）。同时还要根据植物本身的形状特征、耐性、植物季相变化等多方面因素进行选择。根据大连市旅顺口区的地理位置、气候条件、乡土植物资源等选择出郭水公路道路景观植物品种。

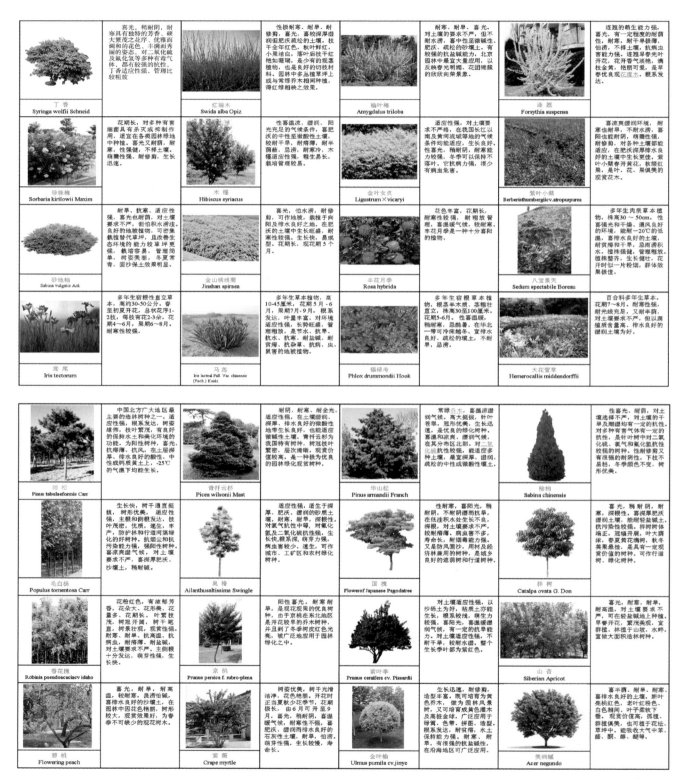

图 2-87　景观植物品种

案例二：葫芦岛市觉华岛滨海路文化景观艺术设计（图2-88至图2-105）

1）设计说明

本案位于辽宁葫芦岛市觉华岛，距兴城海滨近6海里，是渤海辽东湾内最大的海岛。岛上风光优美，名胜古迹较多，与兴城古城形成全国闻名的旅游度假胜地。觉华岛环岛滨海道路总长为17.35 km，一板两带，路宽为7米，采用人车混行的通行方式，两侧绿地宽度为2.5米至20米不等。本次绿化工程应以绿化种植为主。

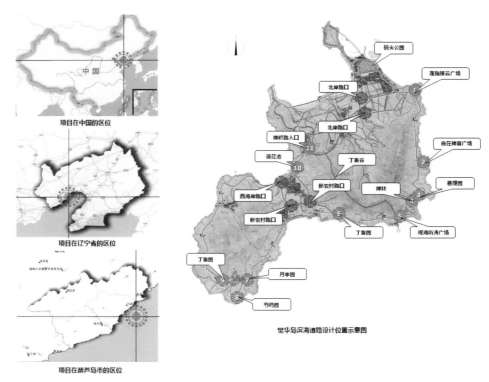

觉华岛滨海道路设计位置示意图

图2-88 项目区位图和位置示意图

该项目的设计范围为觉华岛滨海道路景观带。该道路是贯穿全岛的环岛公路，设计范围包括码头公园、禅修路、植物专类园和主要道路景观节点。设计应丰富环岛路植物群落，打造四季分明的季相景观，营造三季有花、四季常绿的景观效果。

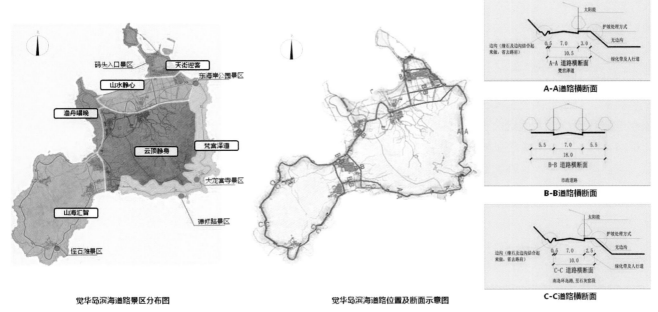

觉华岛滨海道路景区分布图　　觉华岛滨海道路位置及断面示意图

图2-89 道路景区分布图和道路位置示意图

道路两侧现有植被分析：道路绿化应该在总体规划的大背景下进行，道路线性景观应融合在绿地系统规划当中。该场地现有植物较为单一，主要乔木为刺槐和黑松，但均属于阶段性分布，未能产生连续性，冬季景观较差。

由于道路开发对原有场地的破坏，使现有场地内存在以下几个问题：

① 道路两侧大部分现有植被不具备较强的观赏性；
② 在时间观赏方面不具备连续性；
③ 树木品种单一，造成景观层次不突出；
④ 不同道路空间类型需要不同的植物配置模式，而现有道路植物配置无法满足这方面的要求。

2）设计要素分析
① 风力、风向、风频分析

风力：觉华岛位于渤海湾，冬季风较大，最大风力可达到八级。

风向：葫芦岛市冬季的主导风向为西北风，夏季的主导风向是东南风。全年岛上的大风日较多。觉华岛在冬季西北风的影响下风力较大，在道路景观设计上考虑风向，植物的栽植上以乔木为主，遮挡冬季来自西北方的寒风，同时可以考虑微地形的设计。夏季受到来自海上东南风的影响，在道路植物种植上考虑引进海风，可适当种植低矮乔灌木。

通过对场地风力、风向的分析，场地在植物种植设计上要考虑西北侧和东南侧的植物种植，恰当的选用抗风树种。

考虑到海风对此地段的影响，所以这一区域的植物选择要考虑苗木的抗风性、抗寒性，多选择根深性植物，并且在施工过程中更需要考虑苗木支撑的稳固性以及施工的安全操作。

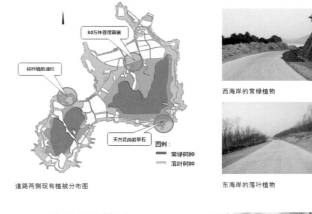

道路两侧现有植被分布图

西海岸的常绿植物

东海岸的落叶植物

村庄道路两侧的植物

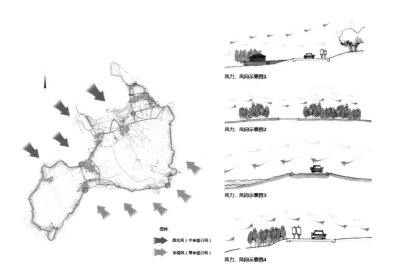

图 2-90　景观植物分布图与风力、风向示意图

② 历史人文景观 觉华岛古称"桃花岛"，曾与普陀山齐名，成为闻名遐迩的佛教圣地。现存的几处人文风景旅游资源，有保存完好的明代屯粮古城，有千年古刹大龙宫寺，有燕太子丹避难、唐太宗避雨的唐王古洞，有千年菩提圣树，千年八角古井，有海滩、怪石等，都是独一无二、不可替代的人文历史遗存。是具有吸引力的旅游资源，为国家级风景名胜区，国家 AAA 级旅游景区，辽宁省旅游功能集聚区。

③ 海洋生物资源 觉华岛是兴城的渔业之乡，四面环海，是从事渔业生产的天然基地，现有捕捞船只 200 多艘，盛产四鲜（鱼、虾、蟹、贝）是游客首选美食。目前利用西侧的大片滩涂资源进行水产养殖，有近 500 亩的海参养殖基地，主要集中在海云寺一带。

④ 港口资源 觉华岛属于基岩岛，岸线蜿蜒曲折，港湾资源丰富。其中有两处较大的港湾，水深适度，水域平稳，航程短且通航时间长。

⑤ 经济条件 现状经济条件一般。岛内有南北两个村，九个自然屯，1092 户，3037 口人。目前，利用地下水已铺设自来水管线，可以保证日常用水，岛上现利用两条海底电缆供电，一条正式使用，供电负荷 4000 千伏安，已用 2800 千伏安，可满足近期建设需要。全岛房屋占地面积 41 万平方米，建筑面积 14 万平方米。觉华岛旅游业起步于 20 世纪 80 年代，以旅游业为龙头的第三产业与渔业生产成为岛上的两大支柱产业。

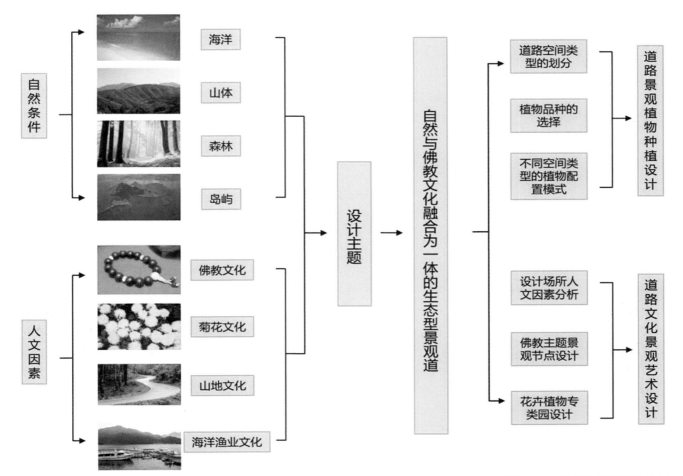

图 2-91 觉华岛景观设计分析

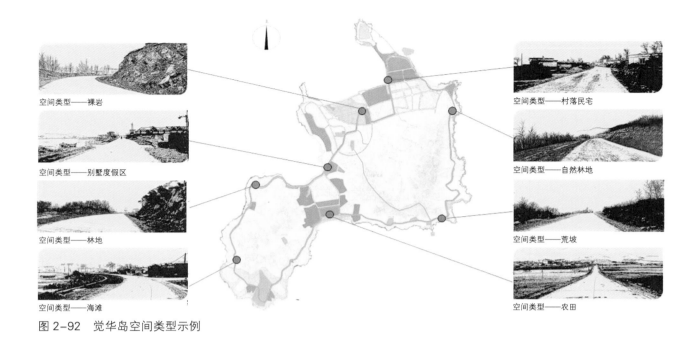

图 2-92　觉华岛空间类型示例

根据对觉华岛现场的踏勘情况，按不同属性将滨海道路经过的路段一共划分为四个主要空间类型，分别为居住空间、游乐观赏空间、滨水空间和自然空间，其中居住空间包括村落民宅和别墅度假区；游乐观赏空间包括出入口、景区、人工浴场；滨水空间中突出强调了海滩；而自然空间的类型更为丰富一些，包括自然林地、裸岩、农田和荒坡。针对不同的空间类型，我们取代表性的六种空间类型加以分析，分别是村落民宅、自然林地、荒坡、农田、裸岩、别墅度假区和海滩。

第二章　景观设计程序与实训

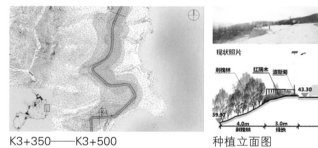

K3+350——K3+500

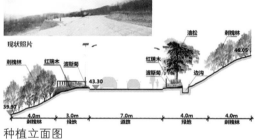

种植立面图

本段环岛路，为敞开滨海景观视线，不设置行道树，栽植红瑞木、丁香和榆叶梅，局部点植大规格的乔木，重点打造东海岸的景观节点。

图 2-93　环岛公路分段设计图 1

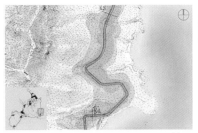

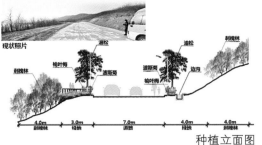

该路段位于环岛路 K3+600 位置，边坡两侧现存大量的刺槐林，行道树采用油松，树间栽植榆叶梅和波斯菊。

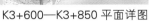

K3+600—K3+850 平面详图　　　　　　　　种植立面图

图 2-94　环岛公路分段设计图 2

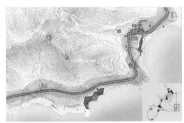

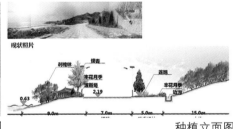

该路段位置靠近大龙宫寺，场地内栽植菩提树苗，局部栽植大规格的银杏树，周围种植连翘、榆叶梅、丰花月季和波斯菊。形成错落有致的景观效果，同时也为环岛路与大龙宫寺周围增添文化主体性。

K3+900—K4+100 平面详图　　　　　　　　种植立面图

图 2-95　环岛公路分段设计图 3

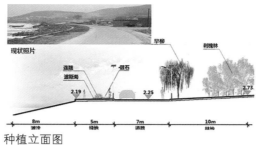

本段位于环岛路K13+600位置，道路一侧设置旱柳为行道树，滨水区域种植连翘、马莲和波斯菊。

K13+600—K13+800 平面详图　　种植立面图

图 2-96　环岛公路分段设计图 4

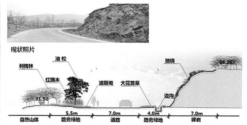

设计说明：该路段位于环岛路K15+200位置，道路一侧为裸岩，栽植五叶地锦，一侧栽植油松为行道树，树间栽植红瑞木，道路边缘为波斯菊和散置的景石。

K15+200—K15+600 平面详图　　种植立面图

图 2-97　环岛公路分段设计图 5

第二章　景观设计程序与实训

设计说明：观海听涛作为南海观音和禅修路的主题广场，同样大面积种植菩提苗木，局部点植大规格的油松，依托现场的景石为景观素材，在周边栽植地被植物，形成具有文化主题性的主题景观节点。

位置索引图

现状照片

图 2-98　环岛公路分段设计图 6

设计说明：月季园通过月季花的符号的提取，以及传统文化与现代设计元素进行结合。周围的大规格乔木、宿根花卉、置石和景观石灯，给怪石滩景区的月季园营造出一种优雅的景观氛围。

位置索引图

现状照片

图 2-99　环岛公路分段设计图 7

设计说明：禅修路
的西侧入口，台阶
两侧设置佛教文化
浮雕，入口处道路
不设置行道树，路
旁设置景石与油
松；绿化带内栽植
榆叶梅、连翘及大
花萱草，丰富了景
观层次。

位置索引图

现状照片

图 2-100　环岛公路分段设计图 8

位置索引图

公园主入口广场采用弧形铺装，广场中心设计花池，内置景石和造景植物，背景空间栽植高大乔木和地被，为码头增加背景空间，植物采用国槐、五角枫和红枫。

图 2-101　环岛公路休息区分类图

图 2-102　觉华岛水塘植物景观

设计说明：觉华岛学校后侧规划一处蓄水池塘，水塘周边设计国槐与丁香，散置景石，在水塘旁边种植马莲和鸢尾等水生植物，水塘内种植荷花，形成多层次的自然景观效果。

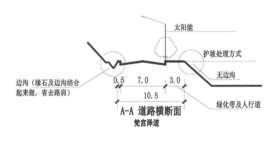

环岛公路护坡立面图

环岛路东海岸山体一侧多为土质边坡，边坡可采用水泥喷锚护坡处理，边侧可设置石质圆雕和铜雕，展现东海岸环岛路的佛教人文景观。

水泥喷锚护坡处理

石刻浮雕护坡处理效果图

图 2-103　环岛公路一侧三角区岩壁设计图

图 2-104 环岛公路枫叶景观道设计图

⑥ 树种选择 抗风性、抗盐碱性、耐贫瘠性、抗旱性、抗寒性，耐水湿等生态学特性，植物季相变化、植物生物学特性如地锦攀爬裸岩、京桃早春开花、火炬树秋季树叶变红等特点，以及植物的文化含义等方面考虑。

图 2-105 景观植物类型

树种选择原则：生态性原则：觉华岛滨海路道路景观植物种植设计的主要影响因素就是生态环境因子，主要体现在植物的抗风性、抗盐碱性、耐贫瘠性、耐旱性、耐水湿等几个方面。

⑦ 抗风性　因为觉华岛四面被海洋环绕，因此风力较陆地大，同时由于滨海路是沿海岸环形道路，不同的路段、不同季节风力、风向不同，在植物选择时就要因地制宜，要考虑植物的抗风性，风力强的路段要考虑深根性的树种。

⑧ 抗盐碱性　因为觉华岛四周都是海水，尤其是滨水路段，土壤的盐碱性较强，因此选择的植物必须考虑抗盐碱性。

⑨ 耐贫瘠性　滨海路是环岛景观路，道路两侧绿地靠近农田的路段土层较厚，其他路段均为山地土壤，而且均为石砾土，土壤养分较少，土壤的持水量较低，土壤贫瘠，因此植物必须选择耐贫薄的树种。

⑩ 耐旱性　滨海路除了滨海路段、农田路段，大部分路段都是山体的环山路，土壤是石砾土，土壤的蓄水性较差，加之辽西地区降雨量较少，因此道路两侧行道树的树种选择必须考虑植物的耐旱性。

⑪ 抗寒性　滨海路是环岛景观路，四面海水包围，因此道路的风力相对比临近陆地的风力要大，因此冬季比临近陆地的温度要低，在树种选择要考虑抗寒性，所选树种比邻近的兴城、葫芦岛地区绿化树种更要有较强的抗寒性。

⑫ 耐水湿　因为滨海路的西北角有部分路段是滨海路段，高程较低，地下水位较高，也是自然降水的汇集地，因此这个路段道路两侧绿地树种选择必须考虑植物的耐水湿性。

⑬ 文化性原则　由于觉华岛是渤海湾最大的岛屿，且是北方的佛教圣地，既有海洋文化特征，又有佛教文化要素，因此在植物选择方面在注重生态性原则的同时，还必须考虑植物的文化含义，选择和地域、场所文化属性一致的植物，所以滨海路道路植物选择就要既考虑植物的生态学特性，又要考虑它所表达的文化含义，在道路两侧专类园中和道路两侧景区绿地的植物选择要结合专类园和相邻景区的特点进行，必须和专类园的主题以及相邻景区的主题相一致。

⑭ 易于管理性原则　在植物景观营造方面尽量不采取植物整形等人工修建较强的植物造型，发挥乡土树种的自然生长特点，在植物树种选择方面既要考虑植物的生态性和文化性，又要考虑未来植物景观的自然性，尽量减少人工修建和干扰。这样在营造自然景观的同时，也减少了未来管理成本。

▶▶ 3. 设计知识点

1）城市道路的功能

城市道路是城市构成的骨架，又是城市空间中各种不同空间类型进行连接和沟通的通道，因此城市道路既有交通功能又有空间划分的功能。

2）城市道路绿地布置形式

A：一板一带式（图2-106）。

B：一板二带式（图2-107）。

C：二板三带式（图2-108）。

D：三板四带式（图2-109）。

E：四板五带式（图2-110、图2-111）。

3）城市道路类型的划分

按照现代城市交通工具和交通流的特点进行道路功能分类，城市道路分为：高速干道、快速干道、交通干道、区干道、支路、专用道路等。

根据城市街道的景观特征划分：城市交通性街道；城市生活性街道（包括巷道和胡同等）；城市步行商业街道；城市其他步行空间等类型。

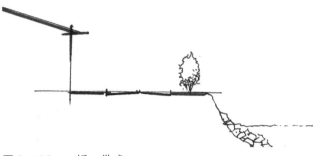

图2-106 一板一带式

图2-109 三板四带式

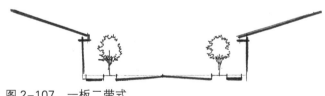

图2-107 一板二带式

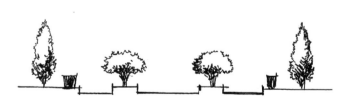

图2-110 四板五带式

图2-108 二板三带式

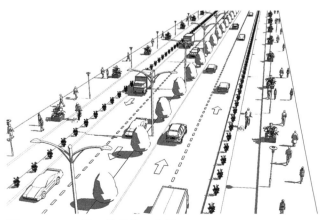

图2-111 四板五带道路示意图

城市道路绿地相关名词术语参照图 2-112。

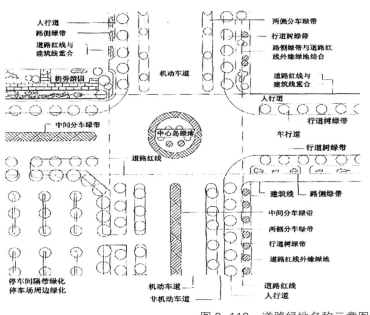

人行道
路侧绿带
道路红线与建筑线重合

街务游园
机动车道

两侧分车绿带
行道树绿带
路侧绿带与道路红线外缘绿地结合
道路红线与建筑线重合
人行道
行道树绿带

中间分车绿带

中心岛绿地
道路红线
车行道
行道树绿带

建筑线 路侧绿带
中间分车绿带
两侧分车绿带
行道树绿带
道路红线外缘绿地
道路红线
人行道

停车间隔带绿化
停车场周边绿化

机动车道
非机动车道

图 2-112　道路绿地名称示意图

4）城市道路景观构成

主要是指道路地上部分视觉范围内的可视元素构成的景观。道路两侧建筑风格、道路两侧路牌等附属物、行道树和公共设施、道路远处的城市天际线等都是构成城市道路景观的重要元素（图 2-113）。

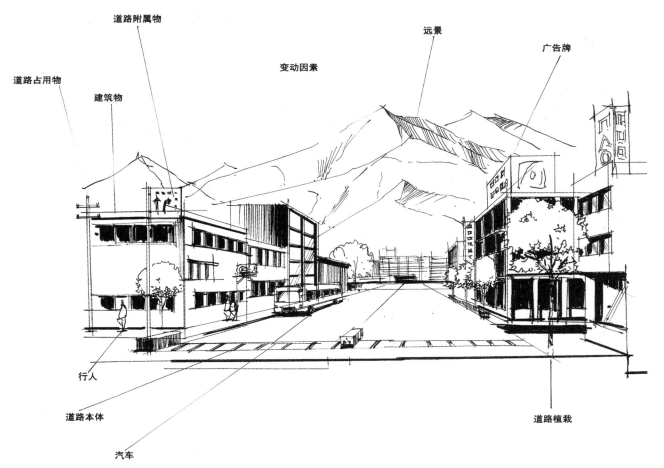

道路附属物
变动因素
远景
广告牌
道路占用物
建筑物
行人
道路本体
汽车
道路植栽

图 2-113　城市道路景观构成元素分析图

5）道路景观设计要点

① 空间构成　做道路景观设计必须对道路两侧的空间构成进行翔实的分析，分析道路两侧空间构成要素及人的活动类型，找出主要限制因素和满足人群对空间的主要需求，才能用相应的设计元素来进行设计（图2-114至图2-117）。

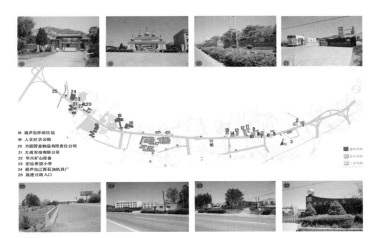

图 2-115　道路现状分析图示 2

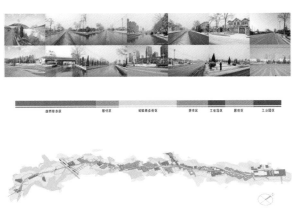

图 2-114　道路现状分析图示 1

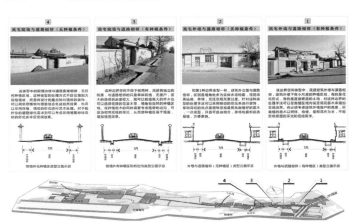

图 2-116　道路现状分析图示 3

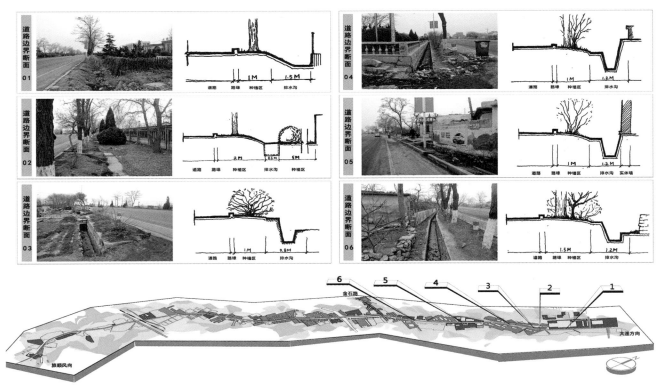

图 2-117　道路现状分析图示 4

第二章　景观设计程序与实训

② 植物配置模式 道路两侧绿地植物配置模式目前比较认同的就是行道树 + 人行步道的模式。随着城市化进程的发展，一些城市新城区道路规划较宽，道路两侧的植物配置模式有了很大的变化。有的为了生态和人行活动方便等需求，人行道位置发生了变化，由原来的紧挨汽车行车道变化成为汽车行车道 + 绿地 + 人行道 + 绿地的模式。

道路景观植物配置模式必须要考虑如何形成道路的线性景观，做到乔灌草相结合（图 2-118 至图 2-124）。

图 2-121 某道路植物景观 4

图 2-118 某道路植物景观 1

图 2-122 某道路植物景观 5

图 2-119 某道路植物景观 2

图 2-123 某道路植物景观 6

图 2-120 某道路植物景观 3

图 2-124 某道路植物景观 7

任务一　对考察的景观场地分析与测量

老师可以安排学生去城市中各种道路实地现场考察和测量，让学生对现实道路空间尺寸有准确的认识，对道路周边土地现状存在的问题有真实的了解，为下一步设计做好准备。

任务二　对考察项目背景资料收集和整理

安排学生对城市中某道路和道路两侧周围区域环境进行背景、历史、人文考察。考察到的资料为设计思路和理念做好准备。

任务三　提出设计理念和概念草图

学生根据对道路的现场考察和测量，加上道路周围现在环境现状和历史背景、人文资料的收集，根据甲方需要开始制定详细的设计思想和理念，通过手绘样把学生对道路两侧设计的初步设计想法布置设计出来。

任务四　设计与效果表现

在学生与老师共同探讨下，制订出详细的设计方案后，学生通过手绘表现或电脑制图，把道路设计方案详细完整地制作出来。

任务五　与甲方和客户进行方案汇报和修改

学生们把道路设计的前期方案整理好，包括理念设计文字和效果图，跟甲方或老师进行设计方案汇报讲解，这个过程一定要学生自己独立完成。自我设计方案的想法汇报，对学生设计语言的表达能力培养和训练起着至关重要的作用。学生通过汇报设计，甲方或老师提出设计上的不足和缺陷，学生回去完善修改。

任务六　完成设计作品和排版展示

经过跟甲方汇报修改多次后，学生们的道路设计作品已经步入成熟，功能合理具备艺术感，甲方或老师最终满意通过，学生把自己的设计作品在A1的图纸进行排版，出图样后学生们统一进行设计作业展示，让学生相互了解道路设计方案和设计特点，互相学习和借鉴（图2-125）。

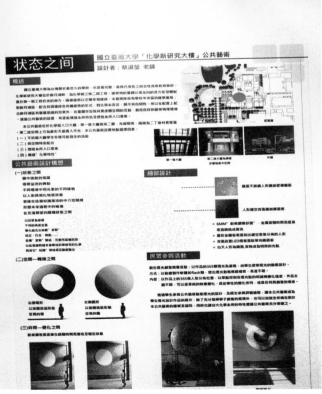

图 2-125　学生设计作品展示

作业一：

1）设计主题

某市商业街道路景观设计

2）设计图解

北方某城市某商场周边道路环境如图 2-126 所示，基地内地势平坦，道路规划已定，商业街宽 4 米，商场建筑 2 层到 6 层呈阶梯状，现代风格，灰色花岗岩外观。商铺建筑为 3 层，灰白色花岗岩外观，设计范围如图中红色虚线所示。请根据要求对该场地进行景观规划设计。

3）设计要求

① 设计符合场地内建筑与环境特征与文脉。

② 解决好场地人流与车流的关系。

③ 制图规范，各类图纸能清楚表达设计意图。

④ 所有图纸在 2 张 A2 图纸上完成。

⑤ 所有设计成果要求非铅笔完成（彩色铅笔表现效果除外），表现形式不限。

4）图纸要求

① 规划设计总平面图（彩色，比例 1：500），要求表达清楚空间布局以及植物规划情况。

② 功能分析图（比例 1：800）。

③ 横、纵剖面图各 1 张，共 2 张（比例 1：500）。

④ 局部效果图 2 张（彩色），每幅效果图图幅不小于 A4 图纸大小。

⑤ 设计说明不少于 200 字，对规划构思立意、景观节点布局、结构与交通等简要说明。

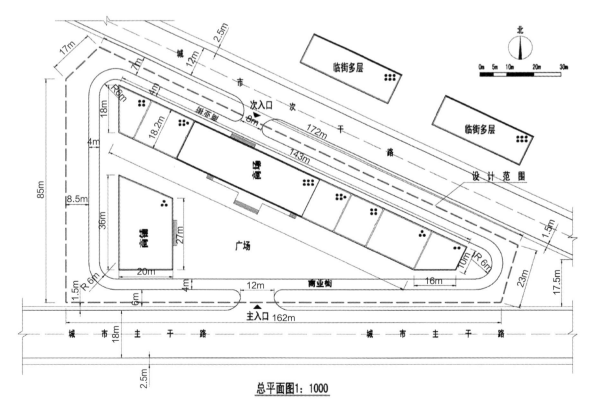

总平面图1：1000

图 2-126　北方某城市商场周边道路环境

三、实训项目二　道路景观设计

089

作业二：

1）设计主题

某村屯道路两侧景观设计

2）设计图解

北方某城乡结合处村屯道路环境如图 2-127 所示，基地内地势平坦，道路规划已定，具体尺寸图中已标出，设计范围如图中红色虚线所示。请根据要求对该场地进行景观规划设计。

3）设计要求

① 对场地周边环境进行详细分析。

② 根据场地现状确定可操作性的解决方式。

③ 制图规范，各类图纸能清楚表达设计意图。

④ 所有图纸在 2 张 A2 图纸上完成。

⑤ 所有设计成果要求非铅笔完成（彩色铅笔表现效果除外），表现形式不限。

4）图纸要求

① 规划设计总平面图（彩色，比例 1：500），要求表达清楚空间布局以及植物规划情况。

② 功能分析图（比例 1：800）。

③ 横、纵剖面图各 1 张，共 2 张（比例 1：500）。

④ 局部效果图 2 张（彩色），每幅效果图图幅不小于 A4 纸大小。

⑤ 设计说明不少于 200 字，对规划构思立意、景观节点布局、结构与交通等简要说明。

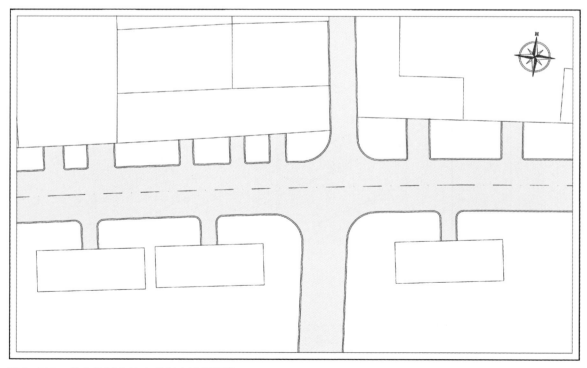

图 2-127　北方某城乡结合处村屯道路环境

该道路位于某北方城市城乡结合处，道路宽 7 米，两侧有排水明沟，沿街分布有院落式民宅，要求对院墙至道路间绿地进行改造设计，符合北方农村特点，绘制出植物配置平面图。

四、实训项目三 公园景观设计

公园是城镇重要的公共休闲、娱乐空间，城市化的迅速发展，人们对公园的需求越来越重要。从新中国成立初期的人民公园、劳动公园、儿童公园等逐步发展到目前综合性的主题公园、遗址公园、地质公园、森林公园、湿地公园等，设计内容有明显的时代特征。

通过对公园景观设计的典型案例分析，掌握不同主题的公园景观设计的要点、设计内容、图纸表达等，然后在老师指导下进行项目认知实践，使学生进一步掌握公园景观设计元素的提取及应用。

▶▶▶ 1. 课程要求

1）训练目的
通过对公园景观设计两个案例分析，使学生了解公园的分类、功能分区、景观序列、景观设计要素、设计内容、设计方法、步骤，能独立进行公园景观设计。

2）实训练习
本次方案设计重点在于让学生掌握公园景观设计构思过程、空间布局形式、不同空间公共设施的设计等。

3）学习难点
现代公园景观设计的难点在于掌握营造有特色的游乐空间创意及设计方法。

4）项目认知实践
在案例分析基础上，由老师带领学生对某一城市各类公园景观进行实地考察、现场讲解。学生在老师指导下完成对考察的各类公园构成元素现状分析，然后总结出不同公园类型的设计元素、空间布局特点、功能区划分、设计要点等。

5）实训作业
时间要求：作业根据设定难度确定作业时间。
深度要求：构思草图、总平面图、设计说明、立面图、局部效果图若干张。

案例一：大连普湾新区滨海公园景观设计

1）项目背景

普湾新区作为大连重要的组成部分，营造新区城市特色、综合提高普湾新区的竞争力，成为普湾新区的迫切需求。将普湾新区定义为滨海新城，今后将成为大连市行政中心和未来人口转移的承接地。普湾新区滨水景观带，它代表了普湾新区乃至整个大连新市区的形象，承担着地标性景观呈现、提升普湾新区产业经济和城市品质的重要产业经济。

本案为三面环陆的海洋，另一面为渤海，呈现为 U 形，整体上形成一个避风的海湾。场地内自然资源条件良好，依靠后身（南侧）两处山体为背景，同时在场地内有大小河流入海口两处，为景观设计奠定了良好的基础；自然的地域环境及周边用地性质将影响公园绿地设计的主题及功能定位。

2）区位分析

普湾新区地处京津唐、辽宁西部城市群量大中心城市圈交会黄金扇面的结合部，是大连市新市区三大功能组团之一。普湾新区属暖温带季风气候，具有海洋气候特点，气候温和湿润，受东南亚季风的影响，四季气候分明，冬季较长，夏季次之，春秋过渡季节最短。多年平均相对湿度 66%。多年平均无霜日为 254 天。

本案位于普湾新区内湾核心区的滨水景观带，位于沈大高速以东，环绕渤海湾，南岸鞍子河入海口桥南至十六号桥底（商住组团、14、16 号桥以北），总长度约为 5.6 km，平均宽度为 150 米，红线内用地总面积 110 公顷。地块处未进行场地回填，拥有良好的生态湿地资源。

普湾新区现总人口数约 40.2 万人。按照省委省政府、市委市政府的要求，普湾新区确立了建设"富庶绿色文明的现代化国际新城"的发展目标，明确了"产业化、城市化、生态化"的发展战略和"突出重点、多点支撑、以点带面、融合发展"的发展路径。今后一个时期，新区将以大项目建设为着力点，加快推进高端现代产业基地建设，推进加快开放普湾、创新普湾。

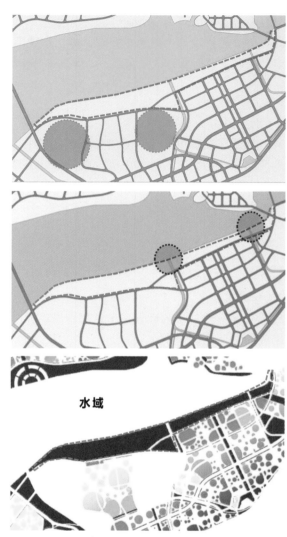

水域

图 2-128　设计场所主要景观节点及交通示意图

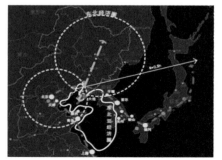

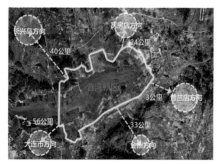

图 2-129　场地区位及周边环境分析

3）场地现状

从土地资源利用角度分析，普湾新区以农用地为主，用地效率低，用地分布杂乱无章，合理性差，用地规划和管理急需加强。普湾新区土壤以棕壤、草甸土、滨海盐土、沼泽土等为主。

4）生物生态现状

基址的地块未进行场地回填，拥有良好的生态湿地资源。山体周边为河口地带，水生物种比较丰富，成为很多候鸟迁徙的驿站。

5）景观风貌现状

自然风貌格局为"山、海、湾、林、田"等自然特征，景观设计应延续自然风貌特征，打造"山海连城、城拥山海"的山水亲和城市。

依据以上分析，滨海景观带的景观设计应依托城市自然风貌特征，挖掘北方滨海城市的文化，打造属于普湾新区独有的滨海景观空间。

图 2-130 场地现状景观元素分析

6）场地空间分析结论

通过不同视点方位的鸟瞰分析图，看出场地周边环境及景观的特征: 中轴线的端点处应该着重设计（视点A），建立城市形象性的景观，也是河的入口处（视点C），使整个滨海景观带中最大的入海口，海鸟在此迁徙，应在此建立生态修复性的湿地公园；南部有两处山体（视点B），在一侧建有16号桥，有两处入海口的位置，同时南部有商业空间，将山体自然景观渗透到景观范围中（视点D），同时也为商业居住空间服务，大型市民公园应该在此建立，为场地提供功能性强的设计。

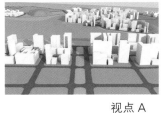

视点 A　　　　　视点 B　　　　　视点 C　　　　　视点 D

图 2-131 场地的视线分析图示

海洋文化是项目基址的一个重要的构成部分和体系，也是人们认识、把握、开发、利用海洋，调整人与海洋的关系，在开发利用海洋的社会实践过程中形成的精神果实和物质成果的总和，具体表象为人类对海洋的认识、观念、思想、意识、心态，以及由此而生成的生活方式，包括经济结构、法规制度、衣食住行、民间习俗和语言文学艺术等形态。海洋文化对于该地区经济增长方式转变、城市形象提升具有重要意义。放眼未来的 30 年至 50 年，首先，应建立城市新区形象性的景观；其次，通过项目基址的景观规划设计，为项目量身打造一个具有普湾新区特色的地标性场所；最后，利用必不可少的海洋文化，将海洋文化符号应用在城市景观设计中。

① 历史 大连海洋文化历史悠久。大连沿海地区古迹遍布，比如大连古龙山洞穴是迄今在大连发现的最早的人类遗址；长岛县广鹿岛的小朱山古人类文化遗址，反映了大连新石器时代文化发展的全貌。近代海洋战争历史文化悠久，例如大连湾炮台山是重要的海防工程。

② 景观 海洋文化景观丰富。大连得天独厚的地理位置和地学形态使大连的海洋文化景观形成多元特征。大连属基岩海岸，岸线曲折，岬湾间布，山丘临海，基岩裸露，海蚀地貌发育完全，形成千姿百态的海蚀地貌景观。

③ 人文 现代海洋文化景观丰富，海洋极地馆、圣亚海洋世界、世界和平公园、蛇博物馆、金石滩等人文景观的建成，为大连营造出浓烈的特色海洋文化氛围。

④ 工业 大连涉海工业基础雄厚，海洋产业的发展形成了丰富的海洋文化资源。大连港湾阔水深，不冻不淤，是驰名中外的天然良港，拥有煤炭、原油、集装箱和管道运输等多种码头。

⑤ 旅游 海洋文化旅游资源雄厚。大连拥有许多旅游景观、历史古迹、优良海滨浴场等。并且拥有多种海洋民俗节庆旅游资源。

⑥ 生态原则 通过保护，缓解和修复生态等处理方式和节能措施，极力减少人为因素对环境所产生的不良影响和破坏。创造和谐共生的园林景观空间。

⑦ 整体性原则 在考虑本案设计手法的同时，湾区全部岸线也自然形成联系，因此，海浪在岸边必然整体统一定格，形成大空间—小节点海洋文化景观的整体性。

⑧ 以人为本原则 营建一个能满足生存和发展需求的优秀城市环境，也是为了可以使滨海城市有更明朗的前景，以此来提供给众多滨海城市的居民更好、更高的精神需求。因此，对于海洋文化景观的开发和设计必须要考虑当地居民的需求，尊重他们的意见，得到当地居民的支持与参与。

⑨ 特色性原则 一方面考虑本案最终的实现与已建成的朱明海湾公园的差异性；另一方面也要充分考虑本次设计的公园中体现海洋文化符号形态的个性区别。

⑩ 多样性原则 与特色性原则相衔接，在公园中所涉及的海洋文化符号的形态应呈现多样性原则。

⑪ 延续性原则 重视海洋文化的延续性原则体现在北方滨海城市景观规划设计中对海洋文化历史的发掘和继承，对海洋文化价值的保护和延续，对新的特色景观的引导、控制和创造，使之具有文化内涵与地方特色。

⑫ 再利用原则 现有的景观基质、景观实体元素以及新区中隐含的海洋文化，都应该在尊重原有形态的基础上进行改良和创新。

设计依据
《公园设计规范》CJJ48—1992
《风景名胜区规划设计范围》GB 50298—1999
《民用建筑设计通则》 JGJ 37—87
《普湾新区总体规划图》
《测量范围》GBJ50026—93
《中华人民共和国工程建设标准强制性条文—城市建设部分》
《中华人民共和国行业标准城市绿化工程施工及验收规范》CJJ/T82—99
《风景园林图例标准》
《城市绿化和园林绿地用植物材料——木本苗》CJ/T34
《城市道路绿化规划与设计规范》CJJ75—976，以及其他相关法律法规平面布局遵循从上位规划；风格着眼于未来 30 年至 50 年的发展。定位为现代风格景观，呼应设计理念，元素提取普湾新区律动的海浪，打造出丰富多元的曲线形态贯穿于其中，并以此为元素作出整体设计来表达海洋文化之风格；每个节点中都注重功能性和交通性的打造，总体公园共有 18 处景点。

图 2-132 总平面图

01—启航广场　02—水幕电影　03—浪式绿化池　04—浪形光景台　05—公共健身场所　06—渔人码头
07—潮汐泳池　08—五彩方盒　09—码头广场　10—车行景观桥　11—儿童乐园　　12—文化广场
13—PET 公园　14—享受阳光　15—休憩廊架　16—人行景观桥　17—巢形景观塔　18—湿地公园

图例：
综合活动区
休闲健身区
沙滩游乐区
水上游乐区
湿地科普区
滨海观光区
滨海文化区

图 2-133 功能分区图

设计说明：共分为七大分区：综合活动区、休闲健身区、沙滩游乐区、水上游乐区、湿地科普区、滨海观光区及滨海文化区。其中综合活动区以启航广场为核心景点。休闲健身区以运动场所、儿童乐园为主，水上乐园以码头广场为核心景点，湿地科普区以湿地公园为主，滨海观光区则以滨海景观、潮汐泳池等为特色景点，滨海文化区以滨海文化广场、享受阳光、宠物公园等精典为主，整体分区结合流线型的绿化带与五彩缤纷的浪型观景台形成普湾新区这富于海洋文化魅力的多功能滨海景观公园。

图 2-134　公园游人设计容纳数量

根据《公园设计规范》CJJ48—1992 中规定共有游人容量的计算方法，取最宜游人人均占有公园面积 60 平方米。

滨海观光区游人容量为 2590 人；
沙滩游乐区游人容量为 5560 人；
综合活动区游人容量为 7070 人；
休闲健身区游人容量为 7540 人；
滨海文化区游人容量为 1700 人；
水上游乐区游人容量为 100 人；
湿地科普区游人容量为 1140 人。

根据《风景名胜区规划设计规范》GB 50298—1999 中规定的游人容量的计算方法，沙滩人均面积为 5 平方米，湿地人均面积为 150 平方米。

游线设计

根据不同空间类型由电瓶车、自行车、观光马车道及游园路将不同的景点串联起来。三条路线之间，由车行观光路及水上航道相连接，让人感受不同的游赏乐趣。

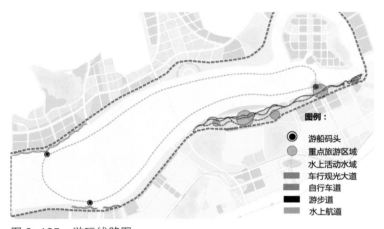

图 2-135　游玩线路图

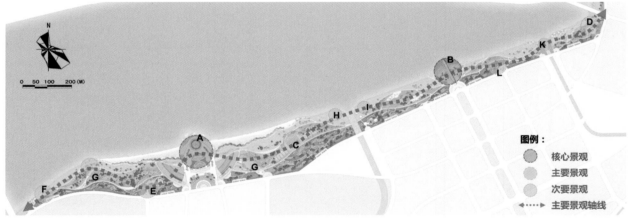

图 2-136　景观轴线及各景观节点分析图

沿滨海绿地形成景观轴线，在主要的道路及空间周围形成不同的空间类型。例如广场、游园等，满足周围人气及游客集散、游赏的功能性要求，横向景观轴线贯穿两个核心景观节点，并连接公园中均匀分布的主要景观节点以及次要景观节点。

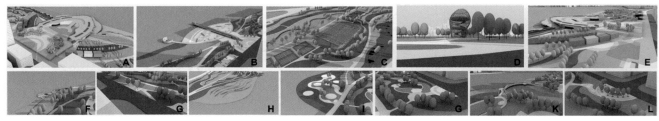

图 2-137　各景观节点的局部设计图示

图 2-138 全景鸟瞰图

图 2-139 主广场鸟瞰图

图 2-140 次广场鸟瞰图

图 2-141 局部鸟瞰图

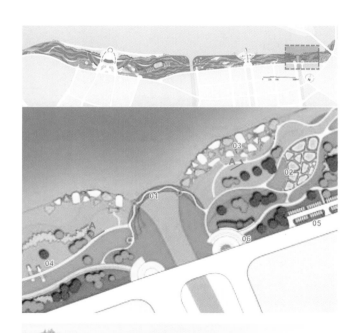

滨海景观桥，分人行景观桥和车行景观桥，其设计延续了道路曲线，体现了海浪韵律，采用了垂直绿化的方式作为地面铺装，新颖独特、生态绿化等特征均在细节中体现。

01—人行景观桥
02—观赏性湿地
03—特色绿化
04—观景台
05—生态停车场

图 2-142 景观桥

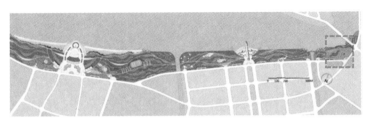

湿地科普区中鸟巢形式的观鸟景观台，是以竹制编织形式为主，体现的是通透、自然，同时还具有现代设计形式的观鸟景观台。

01—入口广场
02—观鸟通道
03—巢形景观台
04—疏林地被
05—湿地公园

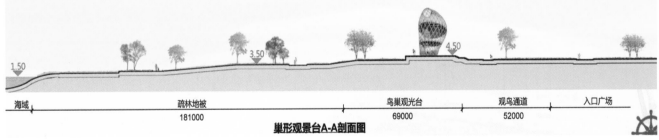

巢形观景台A-A剖面图

图 2-143　巢形观景台

⑬ 植物色彩规划

综合活动区及周边：以黄绿色为主色调，体现城市居民欢快活跃的生活氛围。植物种植舒朗，乔木与地被搭配，点缀花灌木和草花地被。

湿地科教区及周边：以绿色为主色调，强调与周边的自然环境融为一体，植物层次简洁，以乔木为主，点缀野花野草，形成通透的观海视线。

滨海文化区及周边：以蓝紫色为主色，以一些观赏草和草花地被、孤植大乔木渲染商业简单明快的气氛。

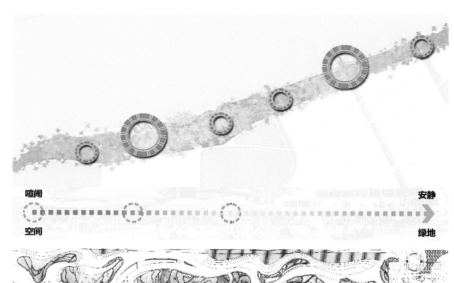

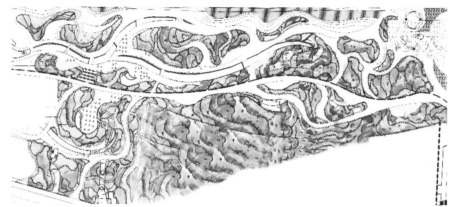

图 2-144　湿地公园

场地内存在自然湿地,应加以保护和修复;区域内自然河流较多,水质应进行综合治理,对排污源头进行整治,在入海口区域布置湿地公园,以栽植芦苇、碱蓬为主,达到净化水质,营建和谐、共生的生态环境。

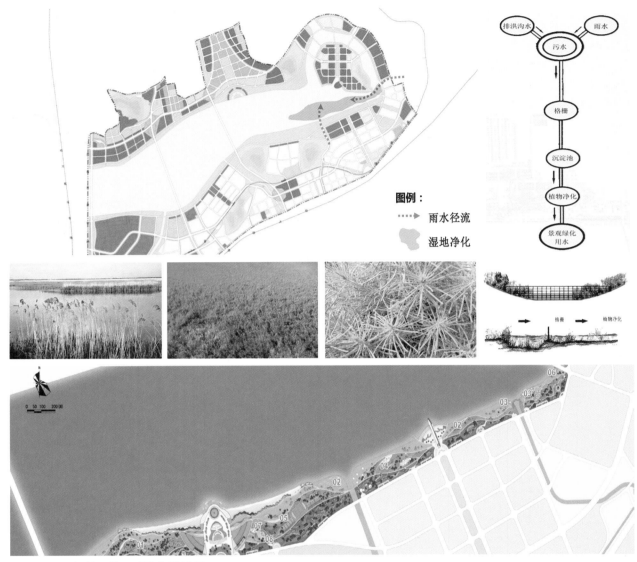

图 2-145 场地区位、现状与设计图示

海洋公园绿化形式以地被为主,通过白、紫、蓝色系的地被,形成犹如逐浪随波的浪花,适当点缀冠型优美的大乔木,营造宜人的休闲空间。儿童活动区以及步道两侧栽植色彩丰富的植物,渲染活泼生动的空间感受。湿地科普区以保护及修复为主,栽植芦苇、碱蓬等耐盐碱植物,形成自然生态的湿地保护区,为都市人们创造自然、生态的休憩场所。

主要植物:黑松、臭椿、马蔺、天人菊、宿根福禄考、鸢尾、碱蓬、芦苇等。

图 2-146 植物种植设计主要种类图示

公共电话亭　　室外淋浴　　　　　管理用房　　　　　生态停车场　　　　　自行车停靠点

图例：

公共卫生间	
售卖亭	
公共电话亭	
室外淋浴	
管理用房	
机动车及自行车停车场	

图 2-147　公共设施布置图

满足使用功能打造的服务性设施。其中售卖亭、公共电话亭、室外淋浴等设施为整个海滨公园增添人性化服务。在外观造型上也无不体现了现代风格景观的魅力与海洋文化的特征，将功能性与形式很好地结合。

⑭ 地面铺装色彩选择：铺装体系滨水文化的主题，营造丰富的城市空间色彩，地面铺装以蓝灰色系为基调色，米黄色系为调和色，红色系为对比色。

铺装采用活泼灵动的曲线及海洋生物来诠释海洋文化，选择现代、时尚的铺装材料，体现现代滨海空间的景观气氛。

航海地图及"船型铺装纹理"实现对独有文化空间的营造。

设计说明：铺装设计延续整体的设计理念，打造"海浪形态"的铺装纹理，实现对景观主题的诠释，同时应体现各园之间的个性差异。

图 2-148　地面铺装色彩选择效果图

本案除人行景观桥外，还涉及一处人车通用的景观桥体，在桥体设计整体的考虑，形成海浪形式的文脉展演，实现区外车行桥体与区内人性桥体在设计风格上融合、统一。该专项部分设计出三种不同的景观桥效果，分别为"海浪律动"、"扬帆起航"、"劲浪穿越"三个主题。

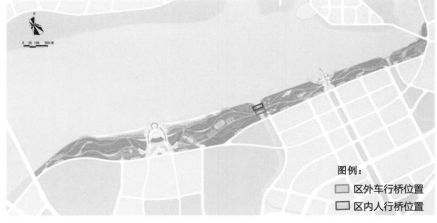

图例：
☐ 区外车行桥位置
☐ 区内人行桥位置

图 2-149　景观桥布局图

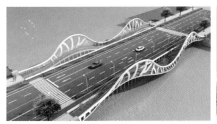  

图 2-150　景观桥效果

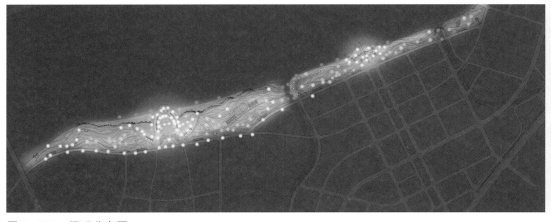

图例：
○ 景观灯
○ 庭院灯
○ 草坪灯
○ 地埋灯
● 水下射灯
○ 树射灯

图 2-151　照明分布图

公园景观设计中通过多种类型的照明设计来增添景观在黑暗夜晚下的观赏度，通过照明设施的映衬能体现出公园的结构和美感，同时灯饰的设计遵循北方滨海城市的海洋文化特征，通过海洋文化符号在灯具中的运用来展现海洋文化。

图 2-152　景观灯光照明设计

案例二：辽宁抚顺市锦湖公园景观设计

1）项目背景

伴随着休闲度假时代的来临，郊野休闲已经不再是一个新鲜的词汇，城市生活的人们在周末、节假日等闲暇时间随同家人自驾到城市周边的大自然去呼吸野外的新鲜空气、亲近自然环境、露营、野餐、农家乐、采摘……以享受充裕的大自然生活气息，自然生活已经成为城市生活中不可分割的一部分，自然生活需求的不断升级，也催生了自然休闲公园模式的不断创新。

2）地势现状分析

地势高差：地势平坦，地面处于3~7.5米，坡度在3%以下。

空间形态：浑河把基地有机形态一分为二。
有利因素：地势平坦有利于景观场地的广泛分布。
不利因素：浑河穿过基地不利于两岸景观空间连续性。

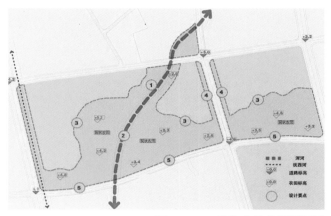

图2-153 地势高差分析平面图

3）城市交通分析

"三纵四横"城市主干道将项目与相邻产业和外区城连接，周边居住现状相对较弱。

4）基地交通分析

基地外部交通分析：

主要人流方向——地块北面和东面。

主要人流劣势——地块被临江路分割，不利于地块内部滨水步行流线和景观氛围的营造。

主要交通优势——项目交通条件，且噪声影响不大。

基地内部交通分析：基地内部交通景观设计要点：根据原有自然环境，分别打造北岸——生态居住岸线和南岸——城市滨水生态游憩岸线。

基地景观主要入口有四个：抚兴路与湖滨路交口；临江路与湖滨路交口；府滨路与湖滨路交口以及浑河与坊前路交口。

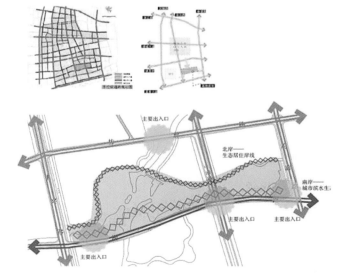

图2-154 区域划分和景观轴线

图 2-155 鸟瞰效果图

图 2-156 景观功能分布图

生态休闲活动区——该区域体现设计理念中的"休闲理念"，主要满足城市居民休闲对生态休闲游憩活动的需求特征。有大量的人流集中活动区，有充足的场地支持及丰富的活动可能性，并有丰富的开敞临水空间。这都可以使人们敞开心扉，重新体会对自然界的一切生灵和万物的爱。"垂钓码头"——方便满足人们亲水性，与此同时在垂钓的过程中，可以使参与者体验"沉静"与"等待"，从而到达"心境"的重生。体现"仁"的概念。

图 2-157　生态休闲区鸟瞰效果图

亲水平台——在水域周边设有木质的平台，同时配以藤架，使人们尽享与园区外的环境的不同体验，体现生态田园之趣。在藤架上配以观果植物，使人们在游憩途中，也可以体验自然采摘的乐趣。

抗污染保健林——在园区周围种植具有清洁空气作用的树种，如丁香、紫椴、桑树、法桐等。在园区入口与主道路相距较远的区域，种植枝繁叶茂、树皮粗糙的树种，减少噪声污染。

图 2-158　抗污染保健林效果图

老年人康乐广场——位于园区入口处。老年人生理机能逐渐衰退，因此该区域使老年人在出入园区即能体验休闲之感。提供老年人交流锻炼的场所，设有健身步道，步道是按照中医足疗按摩原理设置而成的。步道上铺满有突起的卵圆形小石头，人们可赤脚行走其上，以按摩足底穴位和反射区，从而调节脏腑，强身健体。

图 2-159　老年人康乐广场效果图

滨湖康健广场——满足人们休闲文化娱乐，提供交流活动场地。增加人们的亲密性，提供人们倒立、爬行、瑜伽、太极、五禽戏等保健活动空间。广场前的大片水域，使人们可以一边锻炼一边呼吸水中的负离子，使人们进入园区之后便感受心境的放松。

香溪鱼跃——为自然音响园，位于滨湖康健广场之前，配置菖蒲、黄花、水葱、香蒲等湿生植物，这些植物的叶片经风吹雨打互相撞击后能发出优美声响，配合流水的声音，营造保健与观赏兼具的休闲生态园区。

图 2-160　滨湖康健广场效果图

图 2-161　滨湖空间局部效果图

密林散步区可包括以下内容：

1. 亲水木平台　　　　6. 滨湖自然防护林
2. 户外广场　　　　　7. 观湖次入口
3. 休憩广场　　　　　8. 养生坊
4. 滨湖木栈道　　　　9. 特色景亭
5. 生态湿地　　　　　10. 条石草阶

图 2-162　密林散步区亲水平台效果图

历史文化风貌区包括:

1. 观湖次入口
2. 养生坊
3. 湖心喷泉
4. 悦和广场
5. 生态湿地
6. 湖心木栈道
7. 自由坐憩台阶
8. 浪漫花坡
9. 老年康乐广场
10. 游船码头

图 2-163　历史文化风貌区景点示意图

历史文化风貌区——展示区域文化特色，使人们在参与过程中体味历史，回忆过去进而起到反思作用，从而达到"心身"的重生，突出文化理念；设置养生知识介绍小品，使人们在体味历史过程中学到养生知识。

园区分区最终达到：走着可看传统文化知识；坐着可休憩、进行保健按摩；站着可修养身心做保健操。营造出不同路线，可看到不同的整体文化串联线；不同区域，看到不同类型的文化。

图 2-164　历史文化风貌区鸟瞰图（局部）

悦和广场——名中取"悦"字，精神愉悦以使肝气得以疏泄；"和"字紧扣"精、气、神"三宝和合的养身理论，为人们认知自然、体验自然提供场所，使人们抒怀畅气。

养生坊——在园区入口处，主要给大众传达养生之道、养身之法和养身之源。在养生坊，可邀约中医药专家介绍养生文化，设置若干中医传统养生体验项目，进行养生适宜技术体验及养生文化的实践。它具有两个功能：一是展示中医药文化底蕴，整体空间装饰为古中医药方，装饰物件有：牌匾、药柜、宝阁、柜台及制药工具、医疗器具、著作等；二是养生常识展示，如开方、抓药、制药过程等，让人们了解"以养御治"的养生理念。

"时间养生"是中医养生的重要内容之一，在广场周围摆放了"二十四节气"的主要地雕，并设计4个主要节气，即立春、立夏、立秋、立冬的石墩，展示不同节气与老百姓息息相关的养生知识。

小生物乐园：营造小生物喜欢的植物环境。小生物加强了自然环境的丰富度与吸引力。

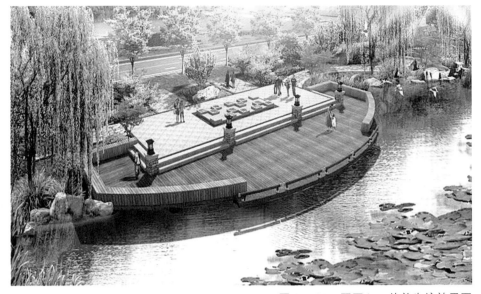

图 2-165 园区入口处养生坊效果图

图 2-166 "二十四节气"主题地雕效果图

在滨湖康健广场后植有密林，阳光穿过林木散在游人和石子之上，使人们在锻炼之中呼吸大自然的气息，调理心境，放松身心，从而达到休闲之感。与此同时也为人们提供休息、纳凉的场所。

图 2-167　滨湖康健广场后面密林效果图

养生宣传牌——园区内设置宣传牌展示和传达养生保健技术，如孙氏"养生十三法"、彩绘壁画"生生之道"、木雕八段锦、木雕五禽戏、中医运动养生展板及拔罐、艾灸、刮痧、药枕、药浴等介绍，以贴近大众、通俗易懂的语言传达了中医药的保健技术的知识。展示区域满足文化特色，使人们在获得养生知识的同时也普及了区域文化历史。

标志小品——立一尊针灸铜人，标示了361个穴位，游客触手可得穴位，与自身对照，增加了参与性和趣味性。

图 2-168　养生宣传牌场地局部效果图

图 2-169　生态连廊区效果图

生态连廊区——建立丰富的临水潮岸，为人们带来开阔的景观视线，和亲近自然环境提供可能性园林主要体现教育理念，成为青少年认知自然、体验自然、参与自然的教育基地；人们在这里认知林、水、生物和谐共生，感受大自然的魅力，注重自然生态的修复，使人们的"生态"得以重生。

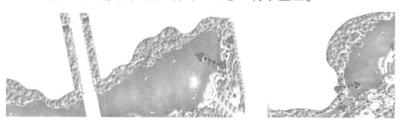

滨湖木栈道——弯曲的木长廊，源于"木日曲直"与肝的生理功能之间的关系。增加自然生态性，让人们亲近自然，更利于教育的直观性。在园区周围种植保健林群，如刺槐保健林、松柏保健林等，对人们健身保健如对高血压、心脏病、脑溢血等疾病有辅助治疗，同时松柏保健林一方面具有安神凉血、舒筋活络、消肿、温中行气等功能；另一方面也弥补冬季落叶萧瑟之感。

图 2-170　滨湖木栈道效果图

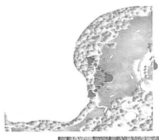

调息广场——用于人们练习静功和动功。斜面上雕刻了黄色的"水、云、火"纹，分别代表着"精、气、神"，欲表现"和合"的精髓。提供多种生活方式体验的活动：游客可以采摘，同时可以开展搜集雨水、雪水的活动。

图 2-171 调息广场效果图

都市景观区——园区东入口是主要的人流集中点，公共活动的聚集地，便于发挥公共临水空间的场地优势，以及足够的场地支撑附属设施，是科技和科普文化理念的体现。喷泉的涌水，让人们在观赏美妙泉水的同时，放松心情，释放疲劳，体味久违的自然之美。

图 2-172 园区东入口的鸟瞰图

特色植物选择：观果、观叶植物景观的营造使秋、冬季的景观色彩不再单调，同时增加水生植物，涵养水源，为河岸景观增添野趣，运用大量乡土树种，增加植物的成活率。

观果植物：二叶荚蒾、山杏、山桃、山楂、胡桃、毛樱桃、胶东卫矛、接骨木、天目琼花、红瑞木、沙棘等。

彩叶植物：紫叶李、金叶榆、金灿绣线菊、金山绣线菊、紫叶风箱果。

荷花

芦苇

泽泻

千屈菜

长苞香蒲

水葱

燕子花

菖蒲

图 2-173 特色植物选择图示

二叶荚蒾

山杏

山楂

山桃

胡桃楸

桃叶卫矛

紫叶李

金叶榆

金灿绣线菊

白桦

蒙古栎

五角枫

图 2-174 观果、观叶植物选择图示

景观亮化照明系统：① 整体统一；
② 重点设计；③ 隐蔽设计；④ 防
止眩光；⑤ 防水设计。

节能：选用长寿节能光源，优先
使用太阳能等"绿色能源"，减
少能源的消耗和维护成本。

造型：灯具造型与整体风格统一，
与构筑小品相结合。

图 2-175 景观亮化照明效果示意

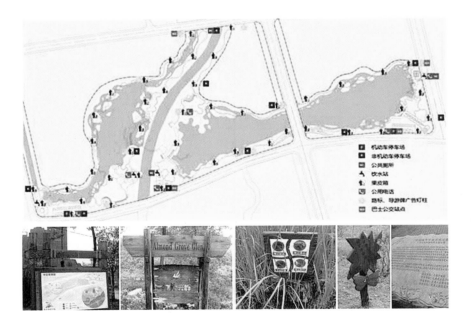

图 2-176 园区道路指示牌分布图

▶▶ 3. 设计知识点

1）公园的分类

根据我国 2002 年发布的《城市绿地分类标准》（CJJ/T85—2002），明确了公园绿地的分类。我国的公园一般分 5 大部分 11 小类：即综合公园（含全市性公园、区域性公园）、社区公园（包括居住区公园、小区游园）、专类公园（含有儿童公园、动物公园、植物公园、历史名园、风景名胜公园、游乐公园、社区性公园、其他专类公园），另外还有带状公园和街旁绿地等（图2-177 至图 2-179）。

图 2-177 辽宁本溪关门山国家森林公园

图 2-178 西安戏剧公园

图 2-179 满洲里烈士公园

2）城市公园的功能、交通分析

城市公园的常见使用功能主要包括游憩、体育、文化教育、管理几大类等。从分区来看，一般城市公园大体分为休息区、散步区、游览区、运动健身区、公共游乐区、儿童游戏区和附属部分。

城市公园中园路有划分空间和引导游人游览的功能，有人车分行和人车混行两种；按照使用功能划分为主路、支路和小路三个等级。园路的宽度等要根据《公园设计规范》（CJJ 48—1992）的有关规定进行设计（图 2-180 至图 2-182）。

图 2-180 某公园功能分区图

图 2-181 某公园交通分析图

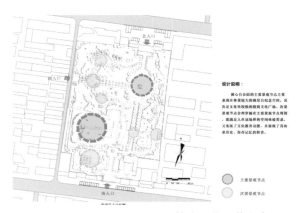

图 2-182 某公园景观节点布局图

3）城市公园的空间布局与设计

城市公园由不同的节点空间组成，如何进行布局显得非常重要。主要根据公园的地形、地貌划分功能分区，不同的分区为了满足功能需要布置不同的节点空间。城市公园空间组织主要有集中式空间结构、线式空间结构、组团式空间结构、网格式空间结构等。公园设计形式一般有两大模式：一是规则几何式构图，二是自然无规则构图形式（图2-183至图2-185）。

4）城市公园构成要素设计

城市公园的构成要素主要是指植物要素的设计、公园水体景观设计、公园雕塑小品设计和公园地面铺装设计等内容（图2-186至图2-188）。

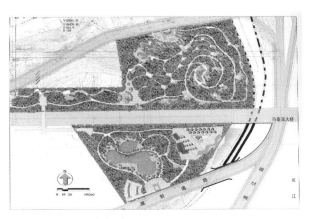

图 2-183 公园空间布局图 1

图 2-186 上海世博公园植物种植图

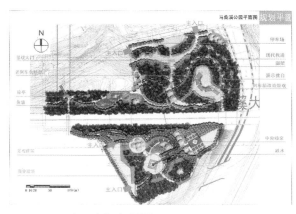

图 2-184 公园空间布局图 2

图 2-187 上海世博公园水体景观图

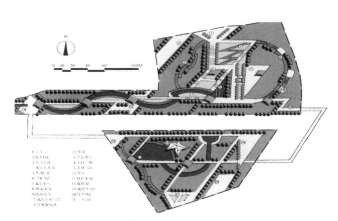

图 2-185 公园空间布局图 3

图 2-188 哈尔滨太阳岛公园雕塑

5）综合性公园设计的主要内容

① 功能分区规划　一般综合性公园功能分区包括入口广场区、文化娱乐区、儿童活动区、老人活动区、体育活动区、安静休息区和办公管理区等。

② 公园出入口的确定　包括主入口、次入口和专门入口等（图2-189、图2-190）。

主要入口——主要入口应与城市主要干道、游人主要来源方位以及公园用地的自然条件等诸因素协调后确定。《公园设计规范》条文说明第2.1.4条指出：市、区级公园各个方向出入口的游人流量与附近公交车设站点位置、附近人口密度及城市道路的客流量密切相关，所以公园出入口位置的确定需要考虑这些条件。主要出入口前设置集散广场，是为了避免大股游人出入时影响城市道路交通，并确保游人安全。公园主要入口的设计，首先应考虑它在城市景观中所起到的装饰市容的作用。设计内容包括：公园内、外集散广场、园门，停车场，存车处，售票处，围墙等；综合性公园主要大门，前后广场的设计是总体规划设计中重要组成之一（图2-191至图2-193）。

③ 园路的分布。

④ 公园中广场布局。

⑤ 公园中的建筑。

⑥ 电气设施与防雷。

⑦ 公园地形处理。

⑧ 给排水设计。

⑨ 公园中植物的种植设计。

⑩ 制定建园程序及造价估算等。

图2-191　上海后滩公园园路铺装设计

图2-189　哈尔滨太阳岛公园入口景观

图2-192　大连海之韵公园广场

图2-190　张家界景区入口处

图2-193　辽宁鞍山玉佛苑入口

6）公园常规的主要设施

① 造景设施　树木，草坪，花坛，花境，喷泉，假山，湖池，瀑布，广场等（图2-194）。

② 休息设施　亭，廊，花架，榭，舫，台，椅凳等（图2-195至图2-197）。

③ 游戏设施　沙坑，秋千，滑梯，爬竿，戏水池等。

④ 社教设施　植物专类园，温室，纪念碑，名胜古迹等（图2-198）。

⑤ 服务设施　停车场，厕所，服务中心，电话亭，洗手台，垃圾箱，指示牌，说明牌等（图2-199）。

⑥ 管理设施　管理处，仓库，苗圃，售票处，配电室等。

图2-197　上海世博公园的观景廊桥

图2-194　上海世纪公园喷泉

图2-198　台北二二八纪念公园座椅

图2-195　湖南岳麓山爱晚亭

图2-199　西安园博会指示牌

图2-196　上海后滩公园的花架

▶▶▶ 4．项目认知实践

在案例分析基础上，结合公园设计知识点，由老师带领学生对某一城市各类公园景观进行实地考察。主要任务和设计成果要求如下：

任务一 对考察的景观场地分析与测量

老师安排学生去城市中各种公园考察，实地现场考察和测量，详细记录各景观构成元素。

任务二 对考察项目背景资料收集和整理

安排学生对几种公园周围区域环境，进行背景、历史、人文考察。把考察的资料进行整理，对公园的空间布局、景观要素构成等以图纸形式进行分析。总结出不同公园类型的设计元素、空间布局特点、功能区划分、设计要点等。

任务三 提出设计理念和概念草图

学生根据对公园的现场考察，加上公园性质和周围环境现状和历史背景，人文资料的收集，对公园存在问题进行分析，提出改进措施，通过手绘制作公园功能分区和交通组织设计，最后形成概念构思草图。

任务四 方案设计与效果表现

学生在老师指导下完成方案设计平面图、竖向设计图、效果图等，制订出详细的设计方案。手绘和电脑辅助制图均可。

任务五 完成设计作品和排版展示

学生最后设计成果形成 A3 文本形式提交，同时形成 A0 展板全班进行教学成果展示（图 2-200）。

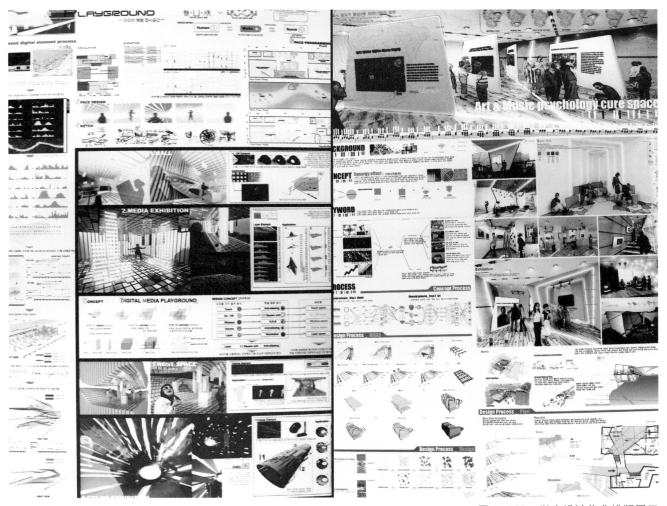

图 2-200 学生设计作业排版展示

作业一：

1）设计主题

滨水公园景观设计

2）设计图解

该设计属于北方城市某开发区内滨水公园景观设计，设计范围约为 22980 平方米。场地的西面和南面是呈弧形的城市滨水主干道，道路西面为别墅区；场地北面和东面两面滨水，设计范围见图 2-201，图中距离单位均为米。

3）设计要求

设计形式要符合现代滨水公园景观设计要求，要体现休闲特点。

4）图纸要求（A2 图纸两张）：

① 设计说明（简要说明 200~300 字左右）；

② 总平面图（比例尺 1：500，手绘，工具不限）；

③ 交通及功能分析图（比例尺 1：800，手绘，工具不限）；

④ 主要立面图（比例尺自定，手绘，工具不限）；

⑤ 局部效果图（主要景点效果图两张，彩色手绘，表现技法及工具不限）。

其中①、②、③使用一张图纸，④、⑤使用一张图纸。

5）公园设计程序

① 协调公园与城市规划及城市绿地系统规划的关系。

② 确定公园的性质、规模和特点定位。

③ 确定公园的主要功能和实现各项功能的相应内容和设施。

④ 确定公园的分区。

⑤ 确定公园的布局形式。

⑥ 确定公园的交通系统。

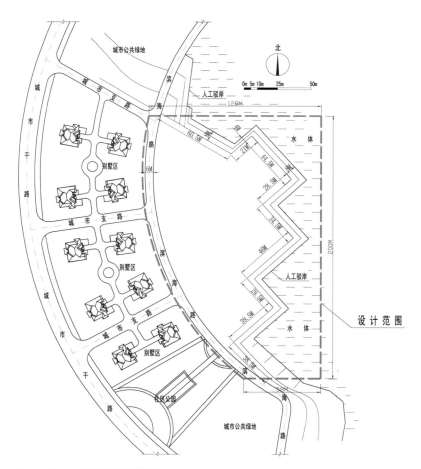

图 2-201 场地详细平面图

作业二：

1）设计主题

湿地公园景观设计

2）设计图解

该设计属于北方城市某开发区内湿地公园景观设计，设计场地范围是湿地公园的一部分，也就是湿地公园入口处景观部分。设计面积约为73160平方米。场地设计范围见图2-202，图中距离单位均为米。

3）设计要求

设计形式要符合湿地公园景观设计要求，要体现现代湿地公园设计特点。

4）图纸要求（A2图纸两张）

① 设计说明（简要说明200—300字）；

② 总平面图（比例尺1：500，手绘，工具不限）；

③ 交通及功能分析图（比例尺1：800，手绘，工具不限）；

④ 主要立面图（比例尺自定，手绘，工具不限）；

⑤ 局部效果图（主要景点效果图两张，彩色手绘，表现技法及工具不限）。

其中①、②、③使用一张图纸，④、⑤使用一张图纸。

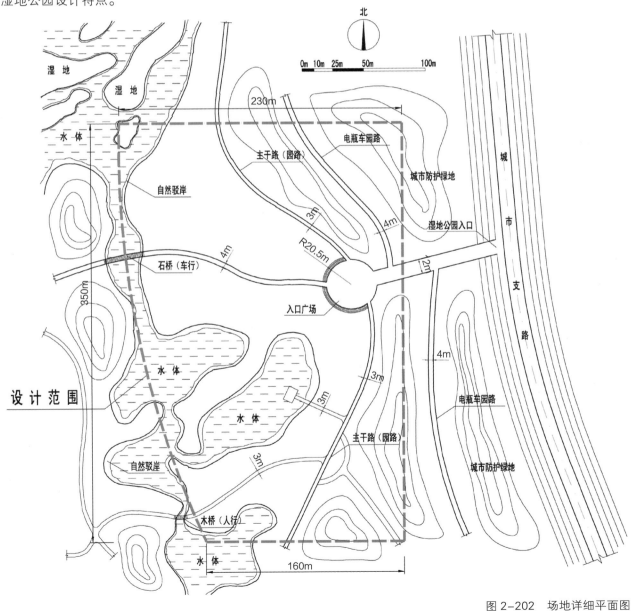

图 2-202　场地详细平面图

第三章
景观设计作品欣赏与分析

一、国内外景观设计大师作品欣赏
二、世界各国景观设计特点分析
三、学生优秀作品欣赏

第三章
景观设计作品欣赏与分析

本章通过国内外景观设计大师的作品赏析，使学生进一步了解本专业的发展动态及趋势，让学生打开眼界，走出自己狭小的生活环境，对景观设计有个全新的了解和认知。结合对世界各国主要景观特点逐一分析，进一步阐述目前东西方主要景观设计的现状和特点，让学生知道中西方景观设计在文化、设计理念和人群追求感受上的区别。对外国和国内学生获奖作品分析的目的在于使学生了解国际国内设计大赛的要求和前沿设计深度，使国内高校学生通过本章的学习快速地了解景观设计内涵和理念，尽快让国内景观设计与世界同步。

一、国内外景观设计大师作品欣赏

在本章节主要介绍在国内外对景观设计学科有突出贡献或某一设计思潮的代表人物，因为篇幅有限，分二十世纪和当代两个发展时期进行介绍，而且是国内和国际不同时期分别简要介绍四位景观设计师及其作品。

▶▶ 1. 20 世纪影响世界的国际景观设计师与作品

1）唐纳德（Christopher Tunnard，1910—1979）

英国景观设计师，于 1938 年完成《现代景观中的园林》（Gardens in the Modern Landscape）一书，书中指出现代景观设计的三个方面，即功能的、移情的和艺术的。在他的设计作品中主要注重框景和透视线运用。代表设计作品是 1935 年设计的名为"本特利树林"（Bentley Wood）住宅花园和 St. Ann's Hill 住宅花园（见图 3-1、图 3-2）。

2）斯蒂里（Fletcher Steele，1885—1971）

美国景观设计师，他的作品多是为上流社会设计的，倾向于"意大利派"和"学院派"寻找设计的源泉。代表设计作品是乔

图 3-1　住宅花园 1

图 3-2　住宅花园 2

图 3-3　小花园设计 1

图 3-4　小花园设计 2

图 3-5　小花园设计 3

125

埃特的庄园瑙姆科吉（Naumkeag）中一系列的小花园设计，是 20 世纪早期的经典作品（图 3-3 至图 3-5）。

3）托马斯·丘奇（Thomas Church，1902—1978）

是美国现代园林的开拓者。他从 20 世纪 30 年代后期开始，在美国西海岸营造一种不同以往的私人花园风格，这种带有露天木制平台、游泳池、不规则种植区域和动态平面的小花园为人们创造了户外生活的新方式，被称之为"加州花园"（California Garden），开创了美国西海岸现代园林风格（图 3-6 至图 3-8）。

4）劳伦斯·哈普林（Lawrence Halprin，1916—2009）

美国著名风景园林师，他的代表作品最为出名的是西雅图高速公路公园。1948 年哈普林作为合作者参与了托马斯·丘奇的标志性作品之一——唐纳花园（Dewey Donnell Garden）的设计。1997 年 5 月 2 日举行了落成仪式的罗斯福总统纪念堂是首个非构造物美国总统性质的景观纪念碑。由此引发了一场纪念碑的革新（图 3-9 至图 3-11）。

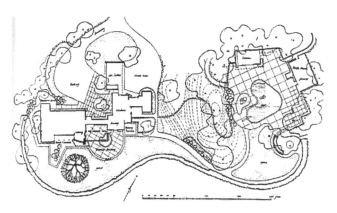

图 3-6　私人花园 1

图 3-9　纪念碑 1

图 3-7　私人花园 2

图 3-10　纪念碑 2

图 3-8　私人花园 3

图 3-11　纪念碑 3

2. 20世纪中国景观设计师与作品

1）陈植（1899—1989）

上海崇明人，1899年6月1日出生。是我国杰出的造园学家和近代造园学的奠基人，与陈俊愉院士、陈从周教授一起并称为"中国园林三陈"。毕生致力于林业科学教育和林业、造园学遗产的研究。他在造园艺术方面的论著奠定了中国造园学的基础；在研究中国林业遗产及造园史料方面，成绩卓著，国内外影响深远。 1926—1932年为近代重大工程中山陵园计划委员会委员（图3-12、图3-13）。1929年受农矿部委托制订我国第一个国家公园规划——《国立太湖公园计划》。陈植教授积极倡导和研究我国造园学历史和理论，1928编写《都市与公园论》，1932年编著我国近代第一本造园学专著《造园学概论》。致力于弘扬中国造园历史和遗产的研究，为我国最早的造园专著《园冶》进行注释；集毕生心血撰著《中国造园史》于2006年8月出版。

2）朱有（1919— ）

1919年4月出生，浙江黄岩人。1945年毕业于金陵大学农学院园艺系。1989年，国家建设部授予设计大师称号。朱有曾著有《中国民族形式园林创作方法的研究》，《［园林］名称溯源》，《南朝园林初探》等论文，主持设计的"南京园林药物园蔓园及药物花景区（图3-14至图3-16）"于1984年获国家优秀设计奖。

图3-14　南京园林1

图3-12　中山陵园1

图3-15　南京园林2

图3-13　中山陵园2

图3-16　南京园林3

一、国内外景观设计大师作品欣赏

127

3）吴振千（1929— ）

上海市嘉定人。1946 年考入复旦大学农学院园艺系，1950 年毕业后终身服务于他钟爱的园林事业。曾任上海市园林管理局局长兼总工程师，是著名的风景园林业界的前辈，也是上海园林绿化事业辛勤的实践者和领军人。1978 年，吴振千先生负责在淀山湖畔兴建以"红楼梦"为主题的大型主题公园——上海大观园（图 3-17 至图 3-19）。

图 3-17　上海大观园 1

图 3-18　上海大观园 2

图 3-19　上海大观园 3

4）孟兆祯（1932— ）

风景园林规划与设计教育家。湖北省武汉市人。现任北京林业大学教授、博士生导师，建设部风景园林专家委员会副主任，1999 年当选为中国工程院院士。负责设计的深圳植物园（图 3-20 至图 3-23）获深圳市 1993 年唯一的园林设计一等奖，与中国风景园林设计中心共同完成了北京奥林匹克公园林泉高致假山设计。

图 3-20　深圳植物园 1

图 3-21　深圳植物园 2

图 3-22　深圳植物园 3

图 3-23　深圳植物园 4

3. 当代有影响力的国际景观设计师作品

1）彼得·沃克（Peter walker）

1932年生，当代国际知名景观设计师，"极简主义"设计代表人物，他最著名的著作是与梅拉尼·西蒙合作完成的《看不见的花园：寻找美国景观的现代主义》。他的代表作品有哈佛大学唐纳喷泉（图3-24至图3-26）、柏林索尼中心、日本·玉广场和美国IBM索拉纳园区等。

图 3-24　唐纳喷泉 1

图 3-25　唐纳喷泉 2

图 3-26　唐纳喷泉 3

2）玛莎·舒瓦茨（Martha Schwartz）

1950年生，美国景观设计师。她以其在景观设计中对新的表现形式的探索而著称。主要代表作品有爱尔兰都柏林大运河广场（图3-37至图3-30）、叙利亚首都大马士革儿童探索中心、美国亚利桑那州梅萨艺术中心等很多项目。

图 3-27　都柏林大运河广场 1

图 3-28　都柏林大运河广场 2

图 3-29　都柏林大运河广场 3

图 3-30　都柏林大运河广场 4

3）伯纳德·屈米（Bernard Tschumi）

1944 年出生于瑞士，世界著名建筑评论家、设计师，是"解构主义"代表人物。他著名的设计项目包括巴黎拉维列特公园（图 3-31 至图 3-34）、东京歌剧院、德国 Karlsruhe- 媒体传播中心以及哥伦比亚学生活动中心等。

4）佐佐木叶二

1947 年出生在日本奈良。现任京都造型艺术大学教授，神户大学工学部兼职讲师，"凤"环境设计研究所所长、技术士、一级建筑师。主要代表作品有琦玉新都心榉树广场、NTT 武藏野研究开发中心总部（图 3-35 至图 3-38）等。

图 3-31 巴黎拉维列特公园 1

图 3-35 佐佐木叶二作品 1

图 3-32 巴黎拉维列特公园 2

图 3-36 佐佐木叶二作品 2

图 3-33 巴黎拉维列特公园 3

图 3-37 佐佐木叶二作品 3

图 3-34 巴黎拉维列特公园 4

图 3-38 佐佐木叶二作品 4

▶▶▶ 4. 当代中国有影响力的景观设计师作品

当代中国的景观设计事业迅速发展，文化多元化融合、学科呈现多学科交叉的背景下，涌现出了一批优秀设计师，且大多数都有海外留学经历，无论是在当代景观设计理论研究方面，还是在景观设计实践方面都取得了优异的成绩。

1）俞孔坚

1963 年出生于浙江金华，哈佛大学设计学博士，长江学者特聘教授，北京大学建筑与景观设计学院院长，教授，博士生导师，北京土人景观与建筑规划设计研究院首席设计师。主要代表作品有哈尔滨群力国家城市湿地公园、秦皇岛汤河公园、中山岐江公园、上海世博后滩公园等（图3-39、图3-40）。

2）刘滨谊

1957 年生。同济大学建筑城市规划学院景观建筑学与旅游系主任，教授，博士生导师。发表《风景景观工程体系化》《图解人类景观——环境塑造史论》《现代景观规划设计》等多部专、译著。主要作品有内蒙古自治区成吉思汗陵园旅游区旅游发展规划（图3-41至图3-43）、新疆喀纳斯湖旅游规划等。

图 3-41 成吉思汗陵园 1

图 3-39 俞孔坚代表作品 1

图 3-42 成吉思汗陵园 2

图 3-40 俞孔坚代表作品 2

图 3-43 成吉思汗陵园 3

3）王向荣

1963年生，北京林业大学园林学院教授、博士生导师、副院长、风景园林规划与设计学科负责人，中国风景园林学会理事，《中国园林》学刊副主编，北京多仪景观规划设计研究中心主持设计师。主要作品有西安世园会大师园——"四盒园"（又被称作"春夏秋冬园"）（图3-44至图3-46）、"新加坡花园节"作品"心灵的花园"等多项规划设计作品。

4）何昉

1962年出生于江苏扬州市，现任深圳市北林苑景观及建筑规划设计院有限公司院长，主持完成了大梅沙海滨公园、中心公园、莲花山公园、欢乐谷主题公园景观设计（图3-47至图3-49）等1000多个项目，其中获国内外奖50多项。

图3-44 西安世园会大师园1

图3-47 欢乐谷主题公园1

图3-45 西安世园会大师园2

图3-48 欢乐谷主题公园2

图3-46 西安世园会大师园3

图3-49 欢乐谷主题公园3

二、世界各国景观设计特点分析

东方景观设计主要介绍中国古典园林与现代景观设计特点，以及日本、韩国景观设计的特点；西方景观设计主要简要介绍美国和英国的景观设计特点。

▶▶▶ 1. 中国古典园林设计

中国古典园林由于受传统文化的影响，形成自身特有的美学思想，体现"崇尚自然，师法自然"的审美价值，中国古典园林的"诗情画意"的"意境"特色。苏州园林中的狮子林、拙政园、留园、沧浪亭均被列入世界遗产名录。

1）沧浪亭

位于苏州城南三元坊内，是苏州最古老的一所园林，为北宋庆历年间（1041–1048年）诗人苏舜钦（字子美）所筑，南宋初年曾为名将韩世忠宅（图3–50、图3–51）。

2）留园

坐落在苏州市阊门外，原为明代徐时泰的东园，清光绪二年为盛旭人所据，始称留园。以园内建筑布置精巧、奇石众多而知名。与苏州拙政园、北京颐和园、承德避暑山庄并称中国四大名园（图3–52至图3–55）。

图3–52　留园1

图3–53　留园2

图3–50　沧浪亭1

图3–51　沧浪亭2

图3–54　留园3

图3–55　留园4

3）狮子林

因园内"林有竹万，竹下多怪石，状如狻猊（狮子）者"，又因天如禅师维则得法于浙江天目山狮子岩普应国师中峰，为纪念佛徒衣钵、师承关系，取佛经中狮子座之意，故名"狮子林"（图3-56至图3-59）。

4）拙政园

位于苏州娄门内的东北街，始建于明朝正德年间（1506-1521年），是苏州最大的一处园林，也是苏州园林的代表作。拙政园布局主题以水为中心，池水面积约占总面积的五分之一，各种亭台轩榭多临水而筑（图3-60至图3-63）。

图3-56　狮子林1

图3-60　拙政园1

图3-57　狮子林2

图3-61　拙政园2

图3-58　狮子林3

图3-62　拙政园3

图3-59　狮子林4

图3-63　拙政园4

中国现代园林是对中国传统园林的继承与发展。随着科技的发展，人们对自然的认识逐渐深入，现代园林应发扬尊重自然的园林传统，并改变只注重自然形态而忽视自然功能的形式主义手法。现代园林设计以自然为主体，是依据自然规律对遭到破坏的自然进行人工整治，或减少对自然的人为干扰，形成具有自然活力的人类活动空间。

1）哈尔滨群力国家城市湿地公园

该公园是由北京土人景观与建筑规划设计研究院承担设计的我国第一个雨洪公园。公园占地34公顷。场地原为湿地，但由于周边的道路建设和高密度城市的发展，导致该湿地面临水源枯竭，并有将要消失的危险。设计策略是利用城市雨洪，恢复湿地系统，营造出具有多种生态服务的城市生态基础设施。建成的雨洪公园，不但为防止城市涝灾做出了贡献，同时为新区城市居民提供优美的游憩场所和多种生态体验。并使昔日的湿地得到了恢复和改善。该项目成为一个城市生态设计、城市雨洪管理和景观城市主义设计的优秀典范（图3-64至图3-68）。

图3-65 哈尔滨群力国家城市湿地公园2

图3-66 哈尔滨群力国家城市湿地公园3

图3-67 哈尔滨群力国家城市湿地公园4

图3-64 哈尔滨群力国家城市湿地公园1

图3-68 哈尔滨群力国家城市湿地公园5

2）奥林匹克森林公园

奥林匹克森林公园在贯穿北京南北的中轴线北端，位于奥林匹克公园的北区，是目前北京市规划建设中最大的城市公园，让这条城市轴线得以延续，并使它完美地融入自然山水之中。这里被称为第29届奥运会的"后花园"，赛后则将成为北京市民的自然景观游览区（图3-69至图3-74）。

图 3-71　奥林匹克森林公园 3

图 3-72　奥林匹克森林公园 4

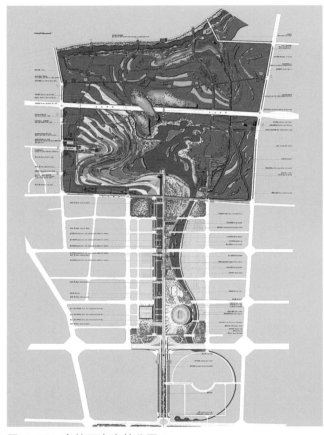

图 3-69　奥林匹克森林公园 1

图 3-73　奥林匹克森林公园 5

图 3-70　奥林匹克森林公园 2

图 3-74　奥林匹克森林公园 6

▶▶ 3. 日本现代景观设计

日本园林设计中"伤春感秋情绪严重"。树木、岩石、天空、土地等寥寥数笔即蕴含着极深寓意，在人们眼里它们就是海洋、山脉、岛屿、瀑布，一沙一世界，这样的园林无异于一种"精神园林"。这种园林发展臻于极致——乔灌木、小桥、岛屿甚至园林不可缺少的水体等造园惯用要素均被一一剔除，仅留下岩石、耙制的沙砾和自然生长于荫蔽处的一块块苔地，这便是典型的、流行至今的日本枯山水庭园的主要构成要素。而这种枯山水庭园对人精神的震撼力也是惊人的（图3-75至图3-78）。

图3-76 龙安寺枯山水庭院2

图3-75 龙安寺枯山水庭院1

图3-77 龙安寺枯山水庭院3

图3-78 龙安寺枯山水庭院4

日本现代景观设计在继承传统文化的基础上，又大胆创新，在世界一体化的进程中不断寻找与现代工艺相融合的发展形势，逐步形成极具现代感与日本民族特色的现代景观（图3-79至图3-83）。

图 3-81　昭和国立纪念公园 3

图 3-79　昭和国立纪念公园 1

图 3-82　昭和国立纪念公园 4

图 3-80　昭和国立纪念公园 2

图 3-83　昭和国立纪念公园 5

►►► 4. 韩国现代景观设计经典案例

韩国的建筑与景观空间自然巧妙地衔接，令人印象深刻，这也是韩国与亚洲其他国家景观空间较大的区别之处。同时，韩国景观设计已经逐步的脱离与中国古典园林的相似或对日本的模仿，融入了很多欧美现代景观元素，正在形成自己独特的风格（图3-84至图3-95）。

图3-87 首尔清溪川广场4

图3-84 首尔清溪川广场1

图3-88 首尔清溪川广场5

图3-85 首尔清溪川广场2

图3-89 西首尔溪水公园1

图3-86 首尔清溪川广场3

图3-90 西首尔溪水公园2

图 3-91　西首尔溪水公园 3

图 3-95　海云台 i'PARK 休闲景观廊架 3

图 3-92　西首尔溪水公园 4

▶▶ 5. 美国现代景观设计

美国景观设计体现自由的天性，充分体现自由的天地。美国先民开拓一片新世界，他们在这片广阔的天地间获得最大的自由与释放。他们受原始的自然神秘、纯真、朴实、活力的影响，景观设计理念充满自由奔放的天性。充分体现对自然的尊重和崇尚（图 3-96 至图 3-104）。

图 3-93　海云台 i'PARK 休闲景观廊架 1

图 3-96　芝加哥植物园

图 3-94　海云台 i'PARK 休闲景观廊架 2

图 3-97　芝加哥密执根湖

图 3-98　美国麦当劳汉堡大学校园景观

图 3-102　芝加哥某公园景观墙

图 3-99　大雾山国家公园

图 3-103　华盛顿纪念堂

图 3-100　芝加哥市中心绿地景观 1

图 3-104　美国纽约中央公园

图 3-101　芝加哥市中心绿地景观 2

▶▶▶ 6. 英国现代景观设计

英国现代景观设计抛弃了轴线、对称等几何形状和对称布局，取而代之的是自然的树丛、曲折的湖岸。其造园手法更加自由灵活，总体风格自然疏朗、色彩明快、富有浪漫情趣。建筑是英国现代景观中重要的构成元素和构景要素。水是经常被应用的元素（图3-105至图3-119）。

图 3-108　利物浦博物馆景观

图 3-105　伦敦泰晤士河滨水景观

图 3-109　谢菲尔德火车站广场喷泉

图 3-106　牛津植物园

图 3-110　花园城韦林城市中心景观道

图 3-107　剑桥植物园

图 3-111　花园城莱斯沃斯中心花园

第三章　景观设计作品欣赏与分析

图 3-112　英国伊甸园 1

图 3-116　英国格林公园加拿大纪念碑

图 3-113　英国伊甸园 2

图 3-117　英国街头纪念场地 1

图 3-114　英国伦敦某纪念墙

图 3-118　英国街头纪念场地 2

图 3-115　英国伦敦某纪念场地

图 3-119　英国乡村景观

三、学生优秀作品欣赏

IFLA 国际学生景观设计竞赛（IFLA International Student Design Competition）由国际景观设计师联盟（IFLA）主办，每年举办一次，在 IFLA 世界大会（IFLA World Congress）期间公布获奖作品，是全球最高水平的国际景观设计学专业学生设计竞赛。（图 3–120 至图 3–122）

▶▶▶ 1. 国际景观设计大赛学生优秀作品

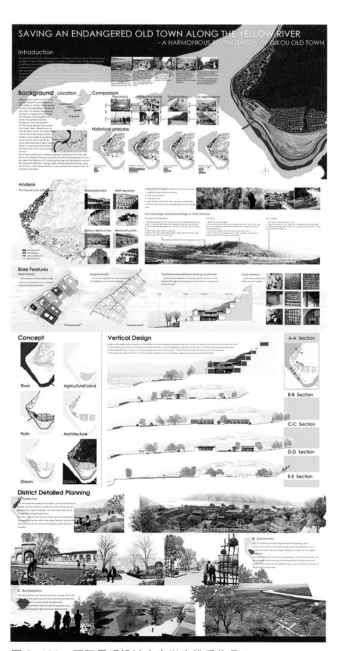

图 3–120 国际景观设计大赛学生优秀作品 1

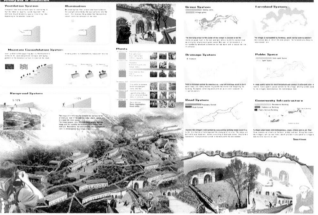

图 3–121 国际景观设计大赛学生优秀作品 2

图 3–120 是 2010 年第 47 届 IFLA 设计大赛中国学生获奖作品。

作品题目：黄河边即将消失的活遗址——碛口古镇的保护与和谐再生

获奖名次：一等奖

获奖者：北京林业大学园林学院白桦琳、杨忆妍、郝君、王乐君、王南希等

图 3–121 是 2011 年 IFLA 亚太地区大学生设计竞赛中国学生获奖作品

作品题目：皈依大地的美好生活——古老窑洞村庄的更新与改造

获奖名次：一等奖

获奖者：北京林业大学园林学院李欣韵、刘畅、严岩等

第三章 景观设计作品欣赏与分析

图 3-122　国际景观设计大赛学生优秀作品 3

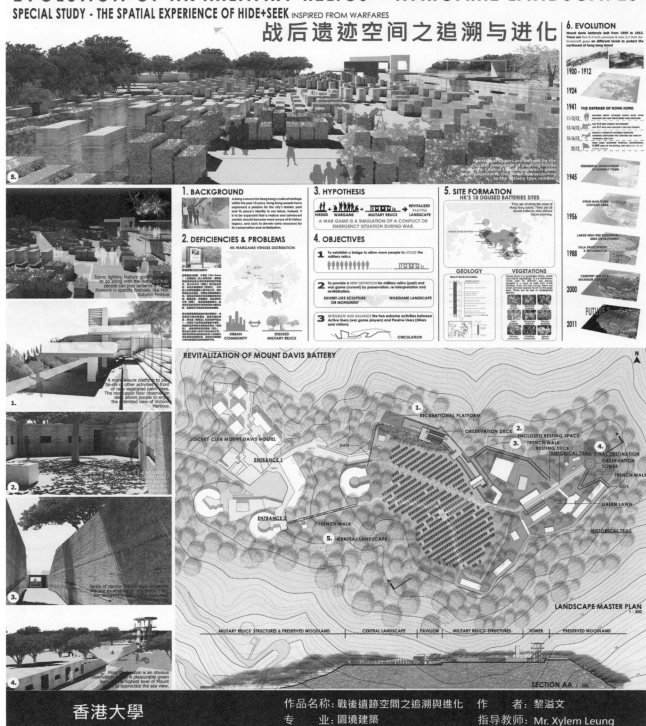

图 3-123　国内景观设计大赛学生优秀作品 1

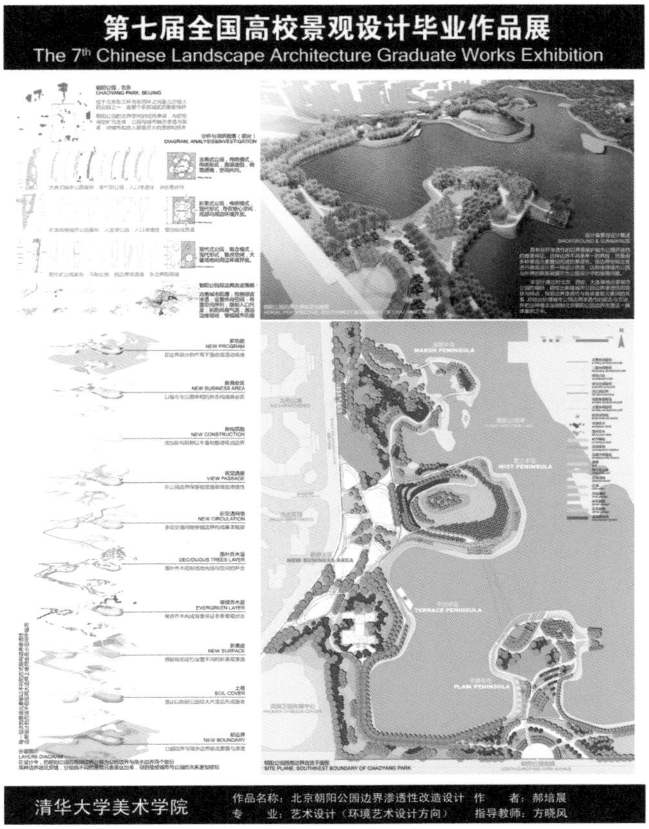

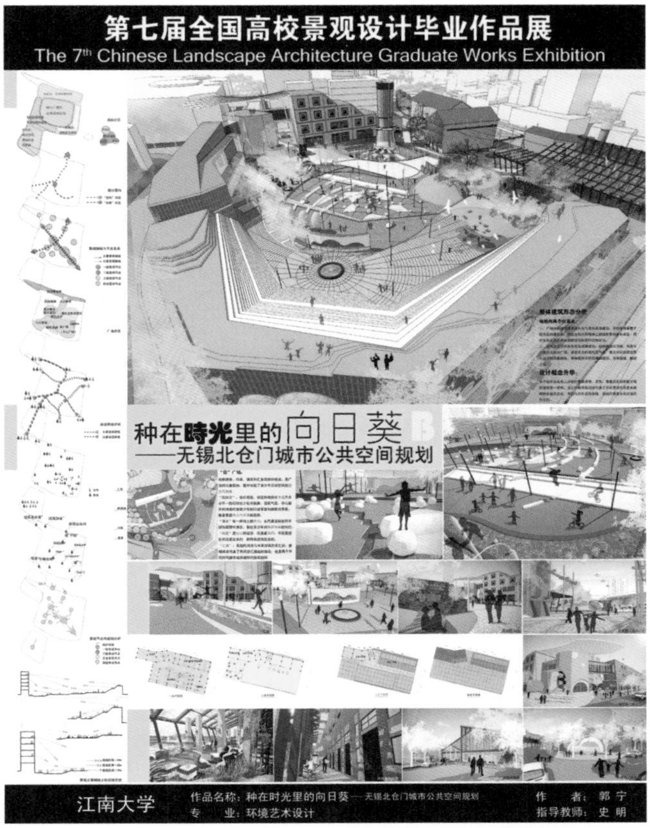

图 3-124　国内景观设计大赛学生优秀作品 2

附录 I：历届 IFLA 设计大赛我国获奖作品名录

1988 年
刘晓明（北京林业大学风景园林系）提名奖

1990 年
刘晓明（北京林业大学风景园林系）一等奖

1991 年
周曦（北京林业大学风景园林系）一等奖

1995 年
朱育帆（北京林业大学园林学院）
一等奖：生命之旅——十渡风景区规划与设计

1996 年
林箐（北京林业大学园林学院）
三等奖：自然和历史之路——杭州大运河地区改造规划

1999 年
萧晶、王文奎（北京林业大学园林学院）
提名奖：城廓的回忆

2002 年
韩炳越、李正平、张璐、刘彦琢
（北京林业大学园林学院）
一等奖：寻找远去的西湖

2003 年（第 40 届）
李莉、李家志（清华大学建筑学院）
一等奖：逝去的 20 年

吴祥艳、吴文（清华大学建筑学院）
二等奖："记忆的边缘：圆明园遗址保护"

邓武功、胡敏、薛晓飞、周虹
（北京林业大学园林学院、中国城市规划设计研究院）
提名奖：神秘摩梭人的可持续发展文化

2004 年
张东、唐子颖（留学生，美国马萨诸塞州大学景观设计与区域规划系）
一等奖：赞美生态功能和文化感知的和谐——2008 北京奥运森林公园设计中中国传统造园技术和生态水体管理的结合

2005 年
余伟增、高若菲、耿欣、魏菲宇、高欣（北京林业大学园林学院）

一等奖：安全的盒子——北京传统社区儿童发展安全模式

郭凌云、张蕾、宋歌（北京大学环境学院、北京大学景观设计学研究院、北京大学深圳研究生院）
二等奖：栖木——本地居民与流动人口共享的安全社区

2006 年
陈筝、薄力之、刘文（同济大学建筑与城市规划学院景观学系）
三等奖："过程：中国内湖湿地的洪水、农业与环境的动态管理规划"

2007 年（第 44 届）
郭湧和张杨（清华大学建筑学院景观学系）
优秀奖："见证一座垃圾山重归乐园的七张面孔——寻找自然、城市和人共生的伊甸"

2008 年
李晶竹、赵越、袁守愚、凌春阳、陈靖
（天津大学建筑学院）
三等奖：波浪垫"Waving Mat"：

苏怡、鲍沁星、李昱午、张云路（北京林业大学）
提名奖：水的庇护所——身为水处理器的社区

赵乃莉、周建甜、孙鹏（北京林业大学）
提名奖：蝴蝶效应——"孕育·觉醒·振翅"

2009 年
张云路、苏怡、刘家琳、鲍沁星、张晓辰
（北京林业大学）
一等奖：绿色的避风港——作为绿色基础设施的防风避风廊道
王川、崔庆伟、许晓青、庄永文（清华大学）
二等奖："化冢为家——阻止沙漠蔓延的绿色基础设施"
沈洁、胡婧、王思元、李洋、任蓉（北京林业大学）
三等奖："S+C——羌峰寨生态性恢复规划"

2010 年
白桦琳、杨忆妍、郝君、王乐君、王南希
（北京林业大学园林学院）
一等奖：黄河边即将消失的活遗址——碛口古镇的保护与和谐再生

2011 年（IFLA 亚太地区大学生设计竞赛）
李欣韵 刘畅 严岩（北京林业大学园林学院）
一等奖：皈依大地的美好生活——古老窑洞村庄的更

附录 I：历届 IFLA 设计大赛我国获奖作品名录

新与改造

赵晶 刘通 郁聪 张洋 张晋（北京林业大学园林学院）

二等奖：中国新疆老风口生态建设策略

张雪辉 郝君 黄灿 王乐君 王南希（北京林业大学园林学院）

三等奖：未来的村庄——在零能源消耗理念下的村庄更新

2012 年（第 49 届）
李慧、吴丹子、冯璐、鲍艾艾和孙帅（北京林业大学）
一等奖：漂浮的城市，漂浮的模块

沈忱、蒋梦雅、李梦迪、李紫（重庆大学建筑城规学院风景园林系）
二等奖：浮生——孟加拉 chomra 漂浮农田系统的构建

封赫婧、陈恺丽、张姝、杨文祺、胡磊（华中科技大学）
三等奖：地狱上的天堂——为城中村儿童建造的竹桥和塔

附录 II：景观设计主要相关标准、规范目录

景观设计相关设计规范和标准

CJJ/T 91—2002 园林基本术语标准

GB/T 19534—2004 园林机械 分类词汇

GBJ 137—1990 城市用地分类与规划建设用地标准

CJJ/T 85—2002 城市绿地分类标准

CJJ 67—1995 风景园林图例图示标准

GB/T 10001.1—2006 标志用公共信息图形符号 第 1 部分：通用符号

GB/T 10001.2—2006 标志用公共信息图形符号 第 2 部分：旅游休闲符号

CJJ 83—1999 城市用地竖向规划规范

GB 50298—1999 风景名胜区规划规范

GB 50420—2007 城市绿地设计规范

CJJ 48—1992 公园设计规范

CJJ/T 82—1999 城市绿化工程施工及验收规范

CJJ 75—1997 城市道路绿化规划与设计规范

GB/T 50363—2006 节水灌溉工程技术规范

GB/T 50085—2007 喷灌工程技术规范

GB 50337—2003 城市环境卫生设施规划规范

CJ/T 24—1999 城市绿化和园林绿地用植物材料木本苗

CJ/T 135—2001 城市绿化和园林绿地用植物材料

球根花卉种球

GB 8408—2008 游乐设施安全规范

GB 7000.3—1996 庭院用的可移式灯具安全要求

附录 III：专业网站链接

1. http：// www.bjfu.edu.cn 国际风景园林师联合会

2. http：//www.cin.net.cn 全国建设信息网

3. http：//www.landscape.cn 景观中国

4. http：//www.jchla.com 中国园林

5. http：// www.la-bly.com 风景园林

6. http：//www.chsla.org.cn 中国风景园林学会

7. http：//www.lvhua.com 园林在线

8. http：// www.planning.org.cn 中国城市规划学会

9. http：//www.chinaasc.org 中国建筑学会

10. http：//www.dili360.com 中国国家地理网

11. http：//www.geojournals.cn 中国地学期刊门户网

12. http：//yuanlin.bjfu.edu.cn 北京林业大学园林学院

13. http：//www.cala.pku.edu.cn 北京大学建筑与景观设计学院

14. http：//www.arch.tsinghua.edu.cn 清华大学建筑学院

15. http：//www.tongji-caup.org 同济大学建筑与城市规划学院

16. http：//arch.cafa.edu.cn 中央美术学院建筑学院

附录IV：国际国内主要园林景观设计大赛名录

国际级：

国际景观设计师联合会（IFLA）大学生设计竞赛（每年8月）国际风景园林师联 www.chsla.org.cn

美国景观设计师协会（ASLA）景观设计竞赛（每年6月）

美国景观设计师协会 www.Landscape.cn

景观规划设计大赛（每年4月）国际园林景观规划设计行业协会 www.ili–hk.org

"园冶杯"风景园林国际设计大赛（每年5月）"园冶杯"风景园林国际竞赛组委会 www.chla.com.cn

国家级：

学会主办：
中国风景园林学会大学生设计竞赛（每年9月）

中国风景园林学会 www.chsla.org.cn

中国环境艺术设计大赛（每年9月）中国建筑学会 www.chinaasc.org

高校主办：
全国高校景观设计毕业作品展（每年3~7月）景观中

国 www.Landscape.cn、《景观设计学》杂志 www.lachina.cn

城市与景观"U+L新思维"全国大学生概念设计大赛（每年10月）华中科技大学建筑与城市规划学院 wwwlandscape.cn

基金会、杂志社主办：
全国青年"人类发展与和平"景观设计大赛（每年11月）中国国际科学和平促进会瑞典人类发展与和平基金会 www.rtplanning.com

中国国际设计艺术博览会首届景观设计作品大赛（每年4月）中国国际艺术设计博览会组委会 www.ccdu.com.cn；《中外景观》杂志社 www.wordlandscape.net

"奥斯本"杯国际景观设计大赛（每年6月）奥斯本环境艺术设计有限公司《景观设计》杂志社–www.osborne.com

省级：
辽宁省普通高等学校大学生艺术设计竞赛（每年10月）辽宁省教育厅 www.dlpu.edu.cn/

市级：
"大连设计节"首届大学生设计大赛（每年5月）大连市人民政府 www.dlpu.edu.cn

参考文献

［1］俞孔坚等主编. 景观设计：专业学科与教育 [M]. 北京：中国建筑工业出版社，2003.

［2］俞孔坚著. 理想景观探源：风水的文化意义 [M]. 北京：中国建筑工业出版社，2002.

［3］俞孔坚著. 景观：文化、生态与感知 [M]. 北京：科学出版社，2005.

［4］王向荣，林箐著. 西方现代景观设计的理论与实践 [M]. 北京：中国建筑工业出版社，2002.

［5］唐定山等. 园林设计 [M]. 北京：中国林业出版社，1997.

［6］尹定邦著. 设计学概论 [M]. 长沙：湖南科学技术出版社，2004.

［7］李开然编著. 景观设计基础 [M]. 上海：上海人民美术出版社，2006.

［8］吴家骅著，叶南译. 景观形态学 [M]. 北京：中国建筑工业出版社，2003.

［9］杨至德主编. 风景园林设计原理 [M]. 武汉：华中科技大学出版社，2009.

［10］丁绍刚主编. 张清海等副主编. 风景园林概论 [M]. 北京：中国建筑工业出版社，2008.

［11］王晓俊编著. 风景园林设计 [M]. 江苏科学技术出版社，2004.

［12］中国建筑装饰协会编. 景观设计师培训考试教材 [M]. 北京：中国建筑工业出版社，2006.

［13］刘滨谊著. 现代景观规划设计 [M]. 南京：东南大学出版社，2005.

［14］刘滨谊等著. 历史文化景观与旅游策划规划设计 [M]. 北京：中国建筑工业出版社，2003.

［15］刘滨谊等著. 城市滨水区景观规划设计 [M]. 南京：东南大学出版社，2006.

［16］白德懋编著. 居民区规划与环境设计 [M]. 北京：中国建筑工业出版社，1996.

［17］林玉莲，胡正凡编著. 环境心理学（第二版）[M]. 北京：中国建筑工业出版社，2006.

［18］徐磊昌编著. 人体工程学与环境行为学 [M]. 北京：中国建筑工业出版社，2006.

［19］芦建国主编. 种植设计 [M]. 北京：中国建筑工业出版社，2012.

［20］张正春等著. 中国生态学 [M]. 兰州：兰州大学出版社，2003.

［21］徐化成主编. 景观生态学 [M]. 北京：中国林业出版社，1997.

［22］周曦等编著. 生态设计新论——对生态设计的反思再认识 [M]. 南京：东南大学出版社，2003.

［23］潘谷西主编. 中国建筑史 [M]. 北京：中国建筑工业出版社，2005.

［24］王其亨等著. 风水理论研究（第 2 版）[M]. 天津：天津大学出版社，2005.

［25］荀平，杨平林著. 景观设计创意 [M]. 北京：中国建筑工业出版社，2004.

［26］（美）约翰·奥姆斯比·西蒙兹著. 方薇，王欣编译. 启迪——风景园林大师西蒙兹考察笔记 [M]. 北京：中国建筑工业出版社，2012.

［27］（美）道格拉斯·凯尔博著. 吕斌等译. 共享空间 [M]. 北京：中国建筑工业出版社，2007.

［28］（美）John Ormsbee Simonds 著. 俞孔坚等译. 景观设计学——场地规划与设计手册 [M]. 北京：中国建筑工业出版社，2000.

［29］（美）尼古拉斯·T·丹尼斯等著. 刘玉杰等译. 景观设计师便携手册 [M]. 北京：中国建筑工业出版社，2003.

［30］（美）克莱尔·库珀·马库斯等著. 俞孔坚等译. 人性场所：城市开放空间设计导则（第二版）[M]. 北京：中国建筑工业出版社，2001.

［31］（美）PETE MELBY、TOM CATHCART 编著，张颖、李勇译. 可持续景观设计技术 [M]. 北京：机械工业出版社，2005.

［32］（美）威廉·M. 马什著. 朱强等译. 景观规划的环境学途径 [M]. 北京：中国建筑工业出版社，2006.

［33］（英）布莱恩·劳森著. 空间的语言 [M]. 北京：中国建筑工业出版社，2006.

［34］（英）汤姆·特纳著，王珏译. 景观规划与环境影响设计 [M]. 北京：中国建筑工业出版社，2006.

［35］（英）伊恩·伦诺克斯·麦克哈格著. 设计结合自然 [M]. 天津：天津大学出版社，2006.

［36］（丹麦）扬·盖尔著，何人可译. 交往与空间 [M]. 北京：中国建筑工业出版社，2002.

［37］（日）高桥鹰志 +EBS 组编著，陶新中译. 环境行为与空间设计 [M]. 北京：中国建筑工业出版社，2006.

后记
POSTSCRIPT

自 3 月中旬在杭州召开教材编写培训讨论会后，就进入了紧张的教材资料准备、编写工作中。由于是第一次编写教材，所以感到压力很大，压力也是动力与责任。于是我开始对多年来拍摄的十几万张照片进行整理，查找相关的资料，结合多年景观设计的实践经验，编写思路始终是从理论到实践，从实践又回到理论，做到文字内容与照片要相互对应，内容编写在不断的取舍中进行。

本教材以"力求系统性、艺术性、实用性相结合"为目标，在参考国内外同类教材的基础上，力求做到图文并茂，书中 90% 以上照片都是作者留学美国、英国期间拍摄的，还有作者近几年国内外考察时拍摄的照片，书中手绘的图片也是作者赵彬彬亲自手绘制作，力求做到内容翔实，便于学生了解和更好地掌握教材内容。在教材编写过程中几次校稿，多次修改，力求使教材能做到理论与实践相结合，突出教材的实践应用性。教材中有的图片是从"百度图片"中下载的，若有使用不当的在此向有关作者表示歉意。

本教材在编写过程中，从编写前的培训、内容框架、教材样稿的确定等，整个过程都得到主编林家阳教授的悉心指导，正是林家阳教授的严谨治学态度才保证了本教材得以顺利完成。教材在资料整理、编写、统稿过程中，大连工业大学园林景观设计研究所的硕士研究生王志胜、张悦、侯博、金琼、孔祥南、刘洁、张益宾等参加了部分工作，在实践案例部分得到大连五洲成大建设发展有限公司孙国良总经理的大力支持，在实践程序和作业部分编写过程中，得到大连工业大学艺术设计研究院张朝阳、王彬的帮助，教材扉页设计得到大连工业大学马妍老师的帮助，在此表示感谢。

最后，希望这本教材能给更多的学生和设计师带来方便，也更加期待从事园林景观设计的前辈、专家以及同行提出宝贵意见。

曹福存
2013 年 8 月